Niedersächsische Landesforsten

ABENTEUER WALD

Niedersächsische Landesforsten

Abenteuer Wald

Eine spannende Entdeckertour
durch Niedersachsens Wälder
für die ganze Familie

schlütersche

Bibliografische Information der Deutschen Nationalbibliothek
Die Deutsche Nationalbibliothek verzeichnet diese Publikation in der Deutschen Nationalbibliografie; detaillierte bibliografische Daten sind im Internet über http://dnb.ddb.de abrufbar.

ISBN 978-3-89993-742-8

Verlag:	Schlütersche Verlagsgesellschaft mbH & Co. KG, Hans-Böckler-Allee 7, 30173 Hannover
Herausgeber:	Niedersächsische Landesforsten Husarenstraße 75, 38106 Braunschweig

Informationen rund um die Niedersächsischen Landesforsten finden Sie unter www.landesforsten.de

Koordination:	Stefan Fenner, Niedersächsische Landesforsten Bettina König, Niedersächsische Landesforsten Katja von Münster, Niedersächsische Landesforsten Tobias Stichel, Niedersächsische Landesforsten Mark Wachsmann, Schlütersche Verlagsgesellschaft mbH & Co. KG
Redaktion:	Bettina König, Niedersächsische Landesforsten
Illustrationen:	Michael Fröhlich (Tiere, Pflanzen, Spiele und Bastelanleitungen) Ute Ohlms (Leo und Leonie)
Titelbilder:	Iosif Szasz-Fabian, LUNAMARINA, fotolia.com
Innengestaltung und Satzarbeiten:	Michael Fröhlich, Hannover
Lektorat:	Nathalie Röseler, Dateiwerk GmbH, Pliening
Druck und Bindung:	CPI – Ebner & Spiegel, Ulm

Hergestellt in Deutschland.

Liebe Abenteuerin, lieber Abenteurer,

nach dem sehr erfolgreichen Buch „Raus ins Grüne“ im Jahr 2006 wurde immer wieder die Bitte an uns herangetragen, etwas Neues zum Thema Wald herauszugeben. Diesem Wunsch kommen wir gerne nach. Mit dem neuen Buch „Abenteuer Wald“ möchten wir Sie wieder herzlich einladen, um noch tiefer hinter die Kulissen einer modernen und naturnahen Waldwirtschaft zu blicken. Gleichzeitig wollen wir Ihnen Anregungen geben, die unendlich vielen kleinen Geheimnisse in unseren Wäldern zu entdecken.

Unsere Wälder sind ein fantastischer Ort, all die Sinne zu fordern, um die wir uns in unserem Alltag oft nicht ausreichend kümmern,
… oder wann haben Sie sich das letzte Mal 15 Minuten ganz still an einen Baum gelehnt, um den Geräuschen der Natur zu lauschen?
… oder wann haben Sie das letzte Mal mit Ihren Kindern Tierspuren erforscht?

Für alle Mitarbeiterinnen und Mitarbeiter der Niedersächsischen Landesforsten ist der Wald Lebensraum und Arbeitsplatz zugleich. Wer im Wald, mit dem Wald und vom Wald lebt, der sammelt täglich ganz besondere Erfahrungen. Einen Teil dieser Erfahrungen möchten wir Ihnen und vor allem Ihren Kindern und Enkeln wieder erlebbar machen.

Die Niedersächsischen Landesforsten möchten allen Kindern und Jugendlichen mit ihren zehn Waldpädagogikzentren den Wald aus verschiedenen Blickwinkeln zeigen. Spielerisch in Kindergarten und Grundschule, aber auch anspruchsvoll in der Oberstufe. Wald ist ein faszinierender Ort, denn er ist einerseits der letzte große natürliche Lebensraum für viele Tier- und

Pflanzenarten und gleichzeitig ist er Arbeitsplatz und Rohstofflieferant für einen ganzen Wirtschaftszweig. Dabei ist Holzernte weder schädlich noch gefährlich für den Wald, wenn man sie richtig betreibt. Dass die Waldwirtschaft im Landeswald richtig gemacht wird, dafür sorgen unsere Försterinnen und Förster. Das oberste Prinzip einer guten Waldwirtschaft ist das Gebot der Nachhaltigkeit, auf den Punkt gebracht, nie mehr Holz zu ernten als von Natur aus nachwächst, seit nunmehr fast 300 Jahren.

Der Clou: Der wertvolle Rohstoff Holz ist unendlich verfügbar, da er immer wieder nachwächst. Wenn man dann noch die Aspekte des Natur- und Artenschutzes mit dem Aufbau strukturierter Mischwälder aus Nadel- und Laubbäumen verknüpft, ist die Waldwirtschaft nicht nur nachhaltig, sondern auch noch naturnah. Genau diesem Prinzip folgen wir bei den Niedersächsischen Landesforsten.

Etwa 20 Jahre ist es nun her, dass wir uns zu mehr verpflichtet haben. Unsere Wälder werden seitdem nach den Regeln der **L**angfristigen **Ö**kologischen **W**ald**e**ntwicklung – kurz **LÖWE** – bewirtschaftet. Die 13 Grundsätze dieser umfassenden Unternehmensphilosophie sichern einen ökologischen, ökonomischen und sozialen Ausgleich der verschiedenen gesellschaftlichen Ansprüche. Eine naturnahe und nachhaltige Waldwirtschaft ist der Kern unseres täglichen Arbeitens, dazu braucht man neben dem Wissen über die Zusammenhänge im Waldökosystem zu allererst gute und motivierte Mitarbeiterinnen und Mitarbeiter. Neben einer strengen internen Qualitätssicherung lassen wir uns regelmäßig durch externe Gutachter überprüfen. Dieser „Wald-TÜV" kommt durch das unabhängige PEFC-Zertifikat zum Ausdruck. Neben den eigenen und unternehmensfremden Fachexperten sind auch die Millionen von Bürgern und Waldbesuchern jährlich kritische Auditoren, wenn es um unsere Arbeit im Wald geht.

Die Niedersächsischen Landesforsten sind verantwortlich für 340 000 Hektar Landeswald und 80 000 Hektar Kommunal- und Genossenschaftswald, also

fast 40 Prozent des Waldes in Niedersachsen. Unsere Arbeit sichert dabei nicht nur die Arbeitsplätze von 1 300 eigenen Mitarbeiterinnen und Mitarbeitern, sondern auch vieler privater, vor allem kleinerer Familienunternehmen in den ländlichen Regionen Niedersachsens – vom Holzrücker bis zum Dienstleister.
Im Übrigen möchte ich heute mit Ihnen eine Wette eingehen: Wetten dass…?
… es auch bei Ihnen zu Hause mindestens ein Produkt gibt, welches aus Holz der Landesforsten besteht? Auf Holz wird geschrieben, gesessen und gegessen. Es steckt in Kleiderbügeln, Musikinstrumenten, Streichhölzern, Kochlöffeln, Küchenbrettern, Tabletts, Kübeln und Behältern, Bilderrahmen, Toilettenpapier, Weihnachtsschmuck und Besteck. Es trägt Hausdächer, schmückt Wohnräume und schützt vor Hitze und Kälte. Vielleicht gehören auch Sie bereits zu unseren Brennholzkunden? Jeder Einwohner Niedersachsens hält irgendwann im Lauf eines Jahres Holz und somit ein Produkt der Landesforsten in seinen Händen.
Das macht uns kein zweites Unternehmen nach!

„Abenteuer Wald" ist nicht nur der Titel unseres neuen Buches, sondern die zwei Worte drücken auch das aus, was wir als Försterinnen und Förster täglich bei unserer Arbeit empfinden. Die Faszination des Waldes lässt einen auch nach vielen Jahren nicht mehr los. Die Farben, die Gerüche oder die Geräusche sind immer wieder anders. Der Wald als ein hochkomplexes Ökosystem zeigt sich jeden Tag mit einem neuen Gesicht. Ein Abenteuerspielplatz nicht nur für Förster, sondern auch für Sie.
„Abenteuer Wald" bietet Ihnen einen Überblick über die wichtigsten Baum- und Tierarten, denen Sie in unseren Wäldern begegnen können. Aber vor allem möchten wir Sie ermutigen, den Wald mit allen Sinnen zu erleben, deshalb finden Sie eine Menge kleiner Aktivitätsspiele, die nicht nur für die Kinder gedacht sind, sondern auch Sie als Erwachsene begeistern werden. Ich verspreche Ihnen, dass Sie Blickwinkel entdecken werden, die Sie bisher noch nicht kannten.
Warum, weshalb, wieso sind die klassischen Fragen, die es zu beantworten gilt, wenn Kinder ihre Welt entdecken und wissbegierig Neues erleben.

Auf diese Fragen haben wir Ihnen Antworten zusammengestellt. „Warum sind die Bäume mit roten Farbpunkten markiert?“ oder „Weshalb werden die Blätter im Herbst bunt?“ oder „Wieso werden Bäume gefällt?“
Leonie und Leo, die beiden kleinen Löwen-Maskottchen, führen Sie durch dieses neue Buch. Der echte LÖWE brüllt zwar nicht in Niedersachsen, aber er zeigt sich im Handeln unserer Mitarbeiterinnen und Mitarbeiter.

In diesem Sinne wünsche ich Ihnen viel Spaß und viele unvergessliche Momente mit Ihrer Familie beim Abenteuer Wald.

Ihr Klaus Merker

Dr. Klaus Merker ist Präsident der Niedersächsischen Landesforsten und selbst Vater von vier Kindern.

Kinder sprühen nur so vor Lebenslust, Entdeckerdrang und Neugierde.

Sie wollen auf eigene Faust die Welt erkunden, ihren vielen Rätseln und Geheimnissen auf den Grund gehen, Antworten auf eine Menge Fragen bekommen und dabei ständig in Bewegung sein und Spaß haben. Und wo können sie das alles auf einmal? Richtig, im Wald, und davon gibt es in Niedersachsen Gott sei Dank genug – um genau zu sein, ist rund ein Viertel der gesamten Landesfläche von Wald bewachsen. Die Begegnung mit diesem einzigartigen, faszinierenden Lebensraum und seinen vielen großen und kleinen Bewohnern ist immer wieder neu und spannend. Es gibt so viel zu entdecken, zu beobachten und zu erforschen! Dieses Handbuch stellt den Erlebnisraum Wald in den Mittelpunkt und richtet sich an Mamis und Papis, Omas und Opas oder auch Tanten und Onkel, die den Landeswald mit Kindern erkunden und spannende, ja abenteuerliche Stunden dort verbringen wollen. Als praktischer Begleiter gibt es Antwort auf viele Fragen und hilft bei der Planung, Organisation und Durchführung erlebnisreicher Familienausflüge und Waldaktionen, die kleine und große Niedersachsen in ihren Bann ziehen.

Schon das erste Kapitel nimmt Sie und Ihre Sprösslinge mit auf einen Streifzug, auf dem Sie einer Menge spannender Dinge und Lebewesen begegnen. Die Kinder lernen wie die Indianer die Spuren von Tieren zu lesen, sei es die Trittspur eines Dachses, die womöglich zu seinem Bau führt, ein Haufen abgenagter Zapfen zu Füßen einer Spechtschmiede oder das Gewölle einer Waldohreule, das dem aufmerksamen Betrachter erzählt, welchen „Leckerbissen" sie verspeist hat. Die Abschnitte über die Tiere und Pflanzen des Waldes versorgen Sie mit teilweise verblüffenden Informationen. Wussten Sie zum Beispiel, dass man Greifvögel früher als Schädlinge gejagt und ihre Nester

ausgeplündert hat? Dass eine Eule ihren Kopf um 270 Grad drehen kann? Oder woher Eberesche oder Scharbockskraut ihren Namen haben? Doch nicht alles im Wald ist reine Natur. Förster und Waldleute bewirtschaften ihn, fällen Bäume und sorgen dafür, dass Schädlinge nicht überhandnehmen.
Die kleinen Waldläufer stoßen auch auf die Spuren ihrer Arbeit und erfahren, was Forwarder machen und was die seltsamen Baummarkierungen bedeuten. Was genau die Forstleute der Niedersächsischen Landesforsten im und für den Wald tun, erklären Leo und seine Freundin Leonie im folgenden Kapitel. Leo ist das Maskottchen des LÖWE-Waldes. Hinter diesem gefährlich klingenden Namen verbirgt sich unser Programm einer **L**angfristigen **Ö**kologischen **W**ald**e**ntwicklung, das sich zum Ziel gesetzt hat, unseren schönen Wald bestmöglich gegen Naturgewalten und andere Schäden zu schützen und ihn für zukünftige Generationen zu bewahren.

Das Kernstück des Erlebnishandbuchs ist ein Füllhorn an praktischen Tipps, was Sie und Ihre Kinder in den Niedersächsischen Landesforsten alles anstellen und erleben können. Die abwechslungsreichen Spiele, Aktionen und Basteleien mit Naturmaterial wurden von Waldpädagogen zusammengestellt und sind in der Praxis bestens erprobt. Sie sind detailliert beschrieben und ohne großen Aufwand umzusetzen. Sie finden hier lustige, informative und spannende Spiele, solche, die einfach nur Spaß machen, die Kleinen in Bewegung bringen oder das Verständnis für das Ökosystem Wald oder einzelne Tiere vertiefen. Das Kapitel „Abenteuer Wald" bietet überdies Vorschläge für Walderlebnistage, die zum Beispiel unter dem Motto Zwerge und Feen oder Indianer stehen und in ihrem ganzen Tagesablauf beschrieben sind.

Aber der Wald birgt auch Gefahren. Kinder tun gern so, als müssten sie im Wald ihr Überleben sichern und sich vor allerlei Gefahren schützen. Wir zeigen ihnen, wovon sie sich ernähren können und wie sie ein Lager bauen, geben Ihnen als Eltern aber auch praktische Tipps, was beispielsweise bei einem Gewitter berücksichtigt werden muss, wie man kleine Verletzungen oder Insektenstiche behandelt oder was bei einer Vergiftung zu tun ist. Im letzten Kapitel schließlich werden einige besondere Attraktionen wie Wildparks oder Walderlebniszentren vorgestellt, wo es viel zu sehen und erleben gibt und die sich auf Ihren Besuch freuen.

Dieses Handbuch möchte Sie inspirieren, bei einem Familienausflug die faszinierende Waldwelt Niedersachsens zu entdecken. Worauf warten Sie noch? Packen Sie den Rucksack, schnappen Sie Ihre Kinder – und nichts wie ab in den Wald!

I.

Was gibt es im Wald zu entdecken?

Der Wald ist eine faszinierende, eingespielte Lebensgemeinschaft, in der jede Pflanze und jedes Tier zum Wohl des großen Ganzen eine bestimmte Aufgabe zu erfüllen hat. Wenn wir als Besucher achtsam und aufmerksam durch das grüne Hochhaus Wald streifen und alles wahrnehmen, was es da in den verschiedenen Wohnetagen zu sehen, hören, riechen und zu fühlen gibt, stoßen wir auf Schritt und Tritt auf erstaunliche Lebewesen und spannende Dinge, die es weiter zu erkunden gilt. Kleine und große Forscher und Entdecker kommen hier dem Wunder des Lebens ganz nah, das sich vom winzigsten Springschwanz in der Erde bis zum majestätischsten Baumriesen immer wieder neu offenbart.

Hier waren Tiere! Tierspuren lesen

Die Tiere des Waldes

Die Pflanzen des Waldes

Spuren der Waldarbeit

Hier waren Tiere! Tierspuren lesen

Auch wenn den Ausflüglern keine Wildschweinrotte über den Weg läuft, kein Greifvogel direkt vor ihrer Nase ein Mäuslein schlägt und kein Rehkitz sie aus neugierigen, braunen Augen anschaut – da sind die großen und kleinen Waldtiere trotzdem. Allerdings so gut getarnt, dass wir Menschen sie mit unserem eher bescheidenen Sehvermögen nicht wahrnehmen. Was wir jedoch sehen können, sind die Spuren, die sie überall im Wald hinterlassen. Die zu suchen ist eine spannende Aufgabe für Spürnasen!

Fährten am Boden: ein Buch mit vielen Siegeln

Ein geübter Trapper liest in den Fußspuren am Waldboden wie in einem Buch. So wie die Seiten eines Buches vollgeschrieben sind mit Schriftzeichen, ist der Waldboden „beschrieben“ mit den Fährten unzähliger Tiere, die darübergelaufen sind. Ein Fährtenleser kann daraus spannende Geschichten ablesen:
Welches Tier war hier unterwegs, war es jung oder alt, Männchen oder Weibchen, zog es gemächlich oder war es auf der Flucht? Am deutlichsten sind die Abdrücke im Schnee, im feuchten Schlamm oder im weichen, durchnässten Boden nach einem Regenguss zu erkennen.

Dabei hinterlässt jede Tierart einen unverwechselbaren Fußabdruck; der eine stammt von Pfoten wie zum Beispiel beim Dachs, der andere von Klauen, den sogenannten Schalen, wie beim Reh.

Ein geübter Trapper kann aus Fußspuren am Waldboden spannende Geschichten ablesen.

Tier	Fußabdruck		Losung	
Rothirsch		zwei Zehen, 9 cm (Hirschkuh 6 cm), bogenförmiger Rand		2–2,5 cm, glatt, rundlich, einseitig zugespitzt
Reh		zwei Zehen, 4–5 cm, schmal und spitz zulaufend		1–1,5 cm, oval, dunkelbraun bis schwarz, wie Kaffeebohnen
Wildschwein		vier Zehen, 5–6 cm plus Afterklauen, trapezförmig		bis zu 7 cm dick, wurstförmig, teilweise verklebt, fast schwarz
Fuchs		vier Zehen mit Krallen, großer Sohlenballen, über 4 cm. Leicht zu verwechseln mit einer Hundespur!		6–8 cm, wurstförmig, spitz zulaufend, strenger Geruch, meist auf Baumstubben oder Steinen
Dachs		fünf Zehen mit langen Krallen, 5–7 cm, nierenförmiger Ballen		6–8 cm, spitz ausgezogen, dunkel, meist in Löchern abgesetzt
Feldhase		vier Zehen, 6–12 cm		1,5 cm, kugelig

Ein Abdruck mit zwei parallelen Zehen ist das Markenzeichen von **Huftieren**, genauer gesagt von Paarhufern. Paarhufer haben zwei oder vier Zehen, wobei sich meist nur das vordere Zehenpaar im Boden abzeichnet; das kleinere hintere ist nur in sehr tiefem, feuchtem Boden sichtbar. An Paarhufern findet man in den Niedersächsischen Landesforsten Rehe, Rot-, Dam-, Schwarz- und Muffelwild. Der größte Fußabdruck stammt bei uns vom männlichen Rothirsch.

Entdecken die Fährtensucher am Waldboden einen schmalen Pfad, sind sie auf einen **Wildwechsel** gestoßen. So lautet der Fachausdruck für die Wege, die die Tiere immer wieder benutzen und deshalb ausgetreten sind wie Trampelpfade. Oft verlaufen diese Wege zwischen den Fress- und Ruheplätzen. Wenn man einem Wildwechsel folgt, hat man daher gute Chancen, über kurz oder lang auch auf die entsprechenden Tiere zu stoßen.

Erdbaue

Folgt man einer Tierspur, steht man vielleicht auf einmal vor einem Erdbau, der ins Untergeschoss des Hochhauses Wald führt. Die Bewohner unterirdischer Höhlen sind meistens Dachse, Füchse oder Mäuse. Die weitläufigen Erdbaue haben vielfältige Funktionen: Hier schlafen die Tiere tagsüber, verstecken sich vor Feinden, lagern ihre Nahrungsvorräte, ziehen im geschützten, warmen Nest ihren Nachwuchs auf oder halten ihren Winterschlaf. Dabei sind die tierischen Architekten durchaus kreativ: Manchmal werden auch Felsspalten oder Gruben unter Wurzeltellern zu Wohnstätten ausgebaut. Wer aufmerksam beobachtet, kann im Waldboden kleine Löcher entdecken, die in die Baue von Mäusen führen. Dachsbaue sind oft an bewaldeten Hängen zu finden und an den Eingangslöchern sieht man große Haufen ausgehobener Erde. Die Baue bestehen aus mehreren Stockwerken und einem weitverzweigten Gangsystem. Reineke Fuchs ist meist zu faul, sich selbst die Pfoten beim Graben schmutzig zu machen; viel lieber bezieht er Quartier in einer Dachsburg oder auch schon mal in einem Wasserdurchlassrohr. Seine Wohnstätte erkennen Spürnasen nicht nur an Nahrungsresten, die herumliegen, sondern auch an einem etwas strengen Geruch.

Kuhlen und Suhlen am Boden

Wildwechsel können zu sogenannten **Rehbetten** führen, die oft unter jungen Bäumen zu finden sind. Die Rehe kratzen die Laub- oder Nadelstreu und im Winter den Schnee zur Seite und formen auf diese Art eine runde Mulde, auf der sie sich niederlegen. In diesem Versteck käuen sie nach der Äsung, also der Nahrungsaufnahme, wieder, ruhen oder beobachten aufmerksam die Umgebung. Meist liegen gleich mehrere Rehbetten

nebeneinander. Auch wo Rothirsche gelagert haben, zeichnen sich Mulden im Dickicht ab. Häufig weist am Lager auch Losung, also der Kot, darauf hin, dass hier Reh- oder Rotwild gelagert hat.

Eine andere Funktion haben die **Wühlstellen** von Wildschwein und Dachs. Besonders die Schwarzkittel graben auf der Suche nach Würmern, Insektenlarven, Mäusen, Schnecken, Eicheln, Bucheckern, Pilzen und alten Ackerfrüchten (lecker: Maiskolben vom Vorjahr!) gern Wiesen, Weiden und Ackerflächen um. Der Schaden, den die Allesfresser dabei anrichten, kann beträchtlich sein; nachdem sie die Erde mit ihrem spitzen Wühlrüssel umgewälzt haben, sieht sie aus, als hätte sie ein Pflug durchfurcht. Die großen Eckzähne (Hauer) der Keiler können diese Arbeit noch unterstützen, doch ist ihr eigentlicher Zweck der Kampf mit anderen Männchen. Der kleinere Dachs wühlt den Boden nicht so stark auf, da er weniger Kraft hat.

Haben Schwarzkittel die Erde mit ihrem spitzen Wühlrüssel umgewälzt, sieht sie aus, als hätte sie ein Pflug durchfurcht.

In feuchteren Bereichen des Waldes findet man manchmal **Suhlen** (Schlammpfützen), die von Schwarzwild und Rotwild stammen. Hirsche und Wildschweine wälzen sich im Schlamm aber nicht etwa, weil sie Dreckschweine sind, sondern im Gegenteil, um sich zu reinigen und von Parasiten zu befreien. Durch das Suhlen erreichen sie, dass Insekten wie Hirschläuse, Zecken, Flöhe oder Mücken, die sich in ihren Haaren eingenistet haben, mit dem Schlamm verkleben. Dann lassen die Tiere die Schlammpackung trocknen und schütteln sie samt Plagegeistern ab oder sie scheuern den Schlamm an Bäumen ab (Malbäume siehe Seite 26). Weil dieses Kosmetik- und Wellnessprogramm außerdem für eine angenehme Abkühlung sorgt, fühlen sich Wildschwein und Hirsch danach rundum wohl.

Nester in allen Etagen

Ob in den Baumkronen in luftiger Höhe, in Astgabeln, Baumhöhlen oder selbst im bodennahen Gebüsch – überall gibt es bei genauem Hinschauen Nester zu entdecken. Bei den allermeisten handelt es sich um die Brutstätten und Aufzuchtquartiere der Waldvögel, doch auch Waldwespen und Hornissen sind Nestbauer.

Hornissen bauen ihre Nester in den Hohlräumen alter Bäume oder auch in Spechthöhlen. Aus zerkautem Holz und Speichel entsteht ein stattliches längliches Nest von beiger Farbe, das etwa 60–70 Zentimeter lang werden kann. Ähnlich bauen bestimmte Wespenarten ihr Nest, allerdings nicht auf Bäumen, sondern in Erdhöhlen oder unter Wurzeln. Ihr Nest ist kugelförmig und grau.

Viele Vogelarten, die sich sonst kaum im Wald aufhalten, bauen hier ebenfalls ihre Nester. Die Brutstätten der verschiedenen Vögel unterscheiden sich nicht nur durch die Lage, sondern auch durch Größe, Form, Baumaterial und Bauweise. Manche Nester sehen aus wie eine Schale, andere wie eine Kugel mit kleiner Öffnung darin (etwa das des Zaunkönigs). Ein schalenförmiges Nest aus Fasern, Halmen und Moos auf einer Astgabel oder einem waagerechten Ast kann vom Buchfink stammen. Nistplätze im dichten Gebüsch am Boden weisen auf Zilpzalp oder Nachtigall hin.

Die größten Aufzuchtstätten bauen die Greifvögel; ihre Nester werden auch **Horste** genannt. Um die recht einfach gestrickten Bauwerke zu entdecken, muss man den Blick ganz nach oben richten. Die Vögel bauen sie meistens auf sehr hohen Bäumen, weil sie dort gut starten und landen können. Dabei gilt als Faustregel: Je größer der Greif, desto höher der Horst. Hoch oben in Eichen und Kiefern richtet der Mäusebussard aus großen Zweigen seine geräumige Kinderstube ein. Der Habicht horstet tief im Wald ebenfalls in luftiger Höhe nahe am Stamm. Sein bis 120 Zentimeter großes Nest benutzt er mehrere Jahre. Ein Stockwerk tiefer, im

unteren Bereich der Baumkrone, baut der mit dem Habicht verwandte, aber deutlich kleinere Sperber jedes Jahr einen neuen Horst. Verlassene Horste von Greifvögeln werden gern von Eulen und Uhus besetzt. Uhus und Waldkauze brüten daneben auch in Felsnischen oder hohlen Bäumen. Die Waldohreule zieht ihre Jungen in den verlassenen Nestern von Krähen und Elstern auf. Riesige überdachte Nester aus Reisern zwischen Ästen sind das Werk von Elstern. Der untere Teil ist mit Erde und mit Wurzeln verstärkt, das Dach besteht nur aus Astwerk. Große Reisignester in den Baumkronen am Waldrand stammen von Krähen.
Kein Nest-, sondern ein Höhlenbauer ist der Specht. Spechte, die man auch die Zimmerleute des Waldes nennt, meißeln ihre Brut- und Schlafhöhlen tief in die Stämme von alten Bäumen. Während ein Buntspecht in einer Höhe von rund acht Metern ein 4,5 Zentimeter großes Loch hackt, arbeitet der Schwarzspecht in luftiger Höhe von bis zu 25 Metern und schafft es auf 10 Zentimeter.

Rauhfußkäuze, Wildbienen, Siebenschläfer und Fledermäuse sind dankbare Nachmieter verlassener Spechthöhlen.

Da Spechte ihre Bruthöhlen immer nur eine Saison lang nutzen, freuen sich andere Waldbewohner, die sich keine eigene Wohnung zimmern können, über den freiwerdenden Wohnraum. Dankbare Nachmieter von verlassenen **Spechthöhlen** sind etwa der Rauhfußkauz, Meisen, Wildbienen, Hornissen, Siebenschläfer und sogar Fledermäuse, die die Höhle als Sommerquartier und Kinderstube benutzen. Kleiber kleistern den großen runden Eingang bis auf ein kleines Schlupfloch zu. Weil die Spechthöhlen für das System Wald so wertvoll sind, werden morsche alte Bäume mit Spechthöhlen von

Förstern und Forstwirten aus ökologischen Gründen erhalten.

Ameisen machen Staat

Einen stattlichen Haufen als Nest haben die Waldameisen. Ein Ameisenhügel besteht aber nicht nur, wie man meinen könnte, aus dem kegelförmigen oberirdischen Teil, sondern außerdem aus dem sogenannten Erdbau, der bis tief unter die Erde reicht.

Die „rote Waldpolizei" ist für das Ökosystem Wald enorm wichtig. Ihre Truppen beseitigen tote Tiere und jagen Unmengen von Schadinsekten.

Waldameisen errichten ihr Nest meist am Waldrand bzw. Waldinnenrand, wo die Sonnenstrahlen bis zum Boden vordringen und vom Nest aufgenommen werden können. Häufig findet man sie in Mischwäldern.

Für die Außenwand ihrer Behausung verbauen die fleißigen Insekten Zweigstückchen, Nadeln, Knospenschuppen, Samenhülsen, Harzteilchen, Moos und andere Pflanzenreste. Das Nest kann gut 1,50 Meter hoch und 2–4 Meter im Durchmesser sein. Löcher fungieren als eine Art Belüftungsanlage für das Innere, in dem Hunderttausende Ameisen wie in einem Staat zusammenleben. Bei genauem Hinsehen wimmelt es hier nur so von fleißigen Ameisen.

Denn lange schon weiß man, wie wichtig die „rote Waldpolizei“, die tote Tiere beseitigt und Unmengen von Schadinsekten jagt, für das Ökosystem Wald ist. Ein aufgehacktes Loch in einem ungeschützten Ameisenhaufen verrät, dass sich hier ein Grünspecht an seiner Leibspeise – den Ameisen und ihren Larven – gütlich getan hat.

Tierische Hinterlassenschaften

Wie Kriminalisten am Tatort nach verdächtigen Dingen suchen, die der Täter dort hinterlassen hat, können auch kleine Walddetektive tierische Hinterlassenschaften aufspüren und versuchen, sie den richtigen Tieren zuzuordnen. Dabei hilft ihnen manchmal die richtige **Losung**. Das ist freilich kein Code, sondern der Fachbegriff für Tierkot. Zunächst unterscheidet man zwischen Pflanzen- und Fleischfressern: Größere Mengen Kot stammen von einem Pflanzenfresser, denn viele Pflanzenteile sind unverdaulich und werden wieder ausgeschieden. Pflanzenfresserkot ist meistens rund.

Kleinere Mengen stammen von einem Fleischfresser, der den Großteil seiner Nahrung verwertet und daher weniger ausscheidet. Dieser Kot ist eher länglich und schmierig. Anhand der Tabelle „Fußspuren und Losung“ (siehe Seite 17) können die Kinder bestimmen, von welchem Tier eine entdeckte Losung stammt. So spannend die Diagnose für die Kleinen auch sein kann, eins ist klar: Mit bloßen Händen dürfen sie den Kot nie anfassen!

Manchmal entdeckt man am Boden seltsame, lose zusammengeballte Klumpen aus Federn, Haaren und anderen Bestandteilen: **Gewölle**, die Taggreife wie Bussarde, Falken und Habichte hinterlassen. Es sind die Reste ihrer Beute, die sie nicht verdauen können und einige Zeit später meist ohne Knochen wieder hinauswürgen. Wo man sie findet, lohnt ein Blick nach oben, denn häufig liegen sie direkt unter dem Horst.

Die ausgewürgten Gewölleklumpen von Eulen enthalten viele unverdauliche kleine Knochen, Federn und Fell, weil die Vögel ihre Beute in einem Happs hinunterschlucken und nicht zerkauen.

Eulen wie Waldkauz, Rauhfußkauz oder Uhu kauen ihre Nahrung nicht, sondern schlucken Mäuse und Vögel in einem Happs hinunter. Deshalb müssen auch sie die unverdaulichen Teile ihrer Mahlzeit wie Federn, Knochen und Fell wieder ausspucken. Die ausgewürgten Gewölleklumpen sind etwa so groß wie Flaschenkorken und enthalten viele kleine Knochen. Wenn man sie auseinandernimmt (am besten mit einer Pinzette), kann man genau bestimmen, was auf dem Speiseplan des Vogels stand.

Manchmal lassen sich daraus sogar ganze Mäuseskelette samt Schädel zusammensetzen. Auch diese Gewölle findet man unter den Nestern oder den Sitzplätzen, wo die Eulen auf Beute lauern.

Federn und Schneckenhäuser erzählen Geschichten

Eine schmucke Vogelfeder ist ein kostbarer Fund, den Kinder gern mit nach Hause nehmen. Dort können sie das zarte Gebilde mit den Abbildungen in einem Bestimmungsbuch vergleichen und feststellen, von welchem Vogel es stammt: eine graue Feder vielleicht von einer Taube, eine schwarze vom Schwarzspecht, eine blaue von einer Blaumeise, eine grüne vom Grünspecht und eine hellblau-schwarz gebänderte vom Eichelhäher (die ist besonders apart). Weitere Hinweise geben die Größe und die Ränder der Federn.

Und manchmal können Federn sogar Geschichten erzählen. Man muss nur genau hinhören oder besser gesagt hinsehen. Eine abgetrennte Feder verheißt nichts Gutes: Hier wurde ein Vogel die Beute von Fuchs, Marder, Dachs oder Luchs. Beim Reißen der Beute beißt das Raubtier die Federn durch, wobei der Federkiel zum Teil in der Haut bleibt und mitgefressen wird. Die an der Rissstelle abgetrennte Feder bleibt, manchmal verklebt von Speichel, liegen. Heil bleibt der Federkiel dagegen, wenn der Vogel von einem Greifvogel gerupft wurde. Der

Raubvogel greift eine Feder nach der anderen fest mit seinem Schnabel und zieht sie so mit Stumpf und Stiel aus der Haut seiner Beute.

Auch die Todesursache einer Schnecke lässt sich ermitteln, und zwar anhand ihres Gehäuses. Ist das Schneckenhaus intakt, aber verwaist, dann ist die Schnecke wahrscheinlich eines natürlichen Todes gestorben, denn Gehäuseschnecken sind mit ihrem Haus verwachsen und können es nicht einfach mal so für einen Ausflug verlassen und dann wieder heimkommen. Findet man dagegen zerschlagene Schneckenhäuser, ist das ein Indiz dafür, dass hier eine Singdrossel am Werk war: Sie zerschmettert Schneckengehäuse auf einer harten Unterlage und lässt sich dann den Inhalt schmecken. Die Wahrscheinlichkeit ist groß, dass gleich neben den Gehäuseteilen auch der Stein liegt, den sie als Amboss benutzt hat.

Ein zerschlagenes Schneckenhaus ist ein Indiz dafür, dass eine Singdrossel sich den Inhalt hat schmecken lassen.

Die Schalen der Schneckenhäuser sind aus Kalk, der größtenteils über die Nahrung aufgenommen wird. Bei Gefahr oder Trockenheit ziehen sich die Tiere in ihr Inneres zurück.

Andere „verdächtige" Indizien

Tote Tiere werden von den anderen Waldbewohnern stets sehr schnell „verwertet", sodass schon nach kurzer Zeit nur noch die **Knochen** darauf hinweisen, dass hier ein Tier verendet ist. Deshalb ist es nicht ungewöhnlich, im Wald Knochen zu finden. Sie stammen entweder von Wildtieren, deren Lebenszeit abgelaufen war und die eines natürlichen Todes gestorben sind, oder von Wild, das Raubtieren oder dem Straßenverkehr zum Opfer fiel, oder auch von Hirschen und Rehböcken, die sich in ihrer Brunft lebensgefährlich verletzt haben. Im Winter und Frühjahr kann man auch zufällig auf die **Abwurfstangen** von Rot-, Dam- oder Rehwild stoßen. Aber Achtung, diese gehören dem Jagdeigentümer und dürfen deshalb nicht mitgenommen werden.

Mehr Erfolg haben kleine Trapper beispielsweise an hochgebogenen

Zäunen, unter denen Wildtiere durchgeschlüpft sind. Wenn sie sich hindurchquetschen, bleiben an den Drahtknoten häufig **Haare oder Borsten** hängen. Die kurzen, harten Borsten hat ohne Zweifel ein Wildschwein gelassen, rötliche Haare dagegen das Reh-, Dam- oder Rotwild, weiße mit dunkler Spitze der Dachs und rötlich graue mit hellen Spitzen ein Fuchs. So lässt sich deutlich unterscheiden, welches Tier hier keine Grenzen akzeptieren wollte.

Beredte Spuren an Bäumen

Bäume sorgen im Wald nicht nur für gute Luft und Schatten, sondern helfen den tierischen Waldbewohnern auch in vielerlei anderer Hinsicht. Die einen nutzen sie zur Körperpflege, die anderen als Kinderstube und eine ganze Heerschar hungriger Mäuler kehrt einfach gern im „Gasthaus zum grünen Baum" ein, wo es immer eine schmackhafte Mahlzeit gibt.

Wildschweine und Hirsche, die sich im Schlamm suhlen, schaben sich anschließend an Bäumen mit rauer Rinde die angetrocknete Packung ab (siehe oben). Schlamm- und Scheuerspuren an diesen **Malbäumen** sowie anhaftende Haare oder Borsten sprechen eine deutliche Sprache. Befinden sich die Spuren in etwa 30–70 Zentimetern Höhe, haben Schwarzkittel sich genüsslich daran gerieben, darüber das höher gewachsene Rotwild. Außerdem markiert das Rot- und Schwarzwild an Malbäumen auch sein Revier. Malbäume heißen sie übrigens deshalb, weil das Wild sie mit Schlamm bemalt und darauf gewissermaßen seine Visitenkarte hinterlässt.

Bäume dienen den einen Waldbewohnern zur Körperpflege, den anderen als Kinderstube und wieder anderen als „Gasthaus zum grünen Baum".

Ist die Rinde des Baumes beschädigt, deutet das zwar auf die üblichen Verdächtigen hin, hat aber andere Ursachen. Rehböcke, Dam- und Rothirsche streifen die sich in Fetzen ablösende Bastschicht (die behaarte Haut) von ihrem neuen Geweih an jungen Baumstämmen ab; Jäger bezeichnen dies als fegen. Dabei wird auch die Baumrinde in Fetzen abgerissen. Diese blanken **Fegestellen** sind im Frühjahr gut zu erkennen, und manchmal kann man an frischen Fegestellen sogar noch Bastfetzen finden. Auch Äste und Zweige werden dabei geknickt oder abgerissen. Ist die Rinde ringsherum komplett abgescheuert, stirbt der Baum. Später im Jahr reibt sich der Rehbock an Bäumen oder Sträuchern, um damit eine Duftmarke zu setzen. Damit und mit sogenannten **Plätzstellen** (Kratzstellen auf dem Boden) grenzt er sein Revier gegenüber anderen Böcken ab. **Kratzspuren** am unteren Teil von Baumstämmen haben Dachse hinterlassen, die an der Rinde ihre Krallen schärfen und säubern.

Die Wipfel- und Seitentriebe von jungen Bäumen sind eine willkommene Nahrung für Pflanzenfresser wie Rehwild, Damwild, Rotwild und manchmal auch Hasen. Vor allem im Winter, wenn im Wald Schmalhans Küchenmeister ist, sind die Knospen der frisch gepflanzten Bäume eine nahrhafte Mahlzeit für die Tiere. Bei solcherart „vernaschten“ Bäumen spricht der Förster von **Verbiss**. Je nachdem, wie die Abbissstelle aussieht, können Walddetektive auch hier wieder feststellen, welches Tier da geknabbert hat. Hasen hinterlassen mit ihren scharfen Zähnen im Ober- und Unterkiefer einen glatten Schnitt, Reh-, Rot- und Damwild eine ausgefranste Bissstelle, an der kleine Fasern zurückbleiben. Da diese Tiere nur im Unterkiefer Schneidezähne besitzen, müssen sie die Triebe abzupfen. Bäume, die wiederholt ein Opfer von Verbiss werden, verbuschen mit der Zeit. Das kann letztlich dazu führen, dass Laubbäume immer mehr verdrängt werden.

Aufmerksamen Waldbesuchern fallen vielleicht auch Fichten mit „Bauch“ auf, die man treffenderweise als **Flaschenbauchfichten** oder Flaschenhalsfichten bezeichnet. Schuld an den unnatürlichen Bäuchen in einer Höhe von 1–2 Metern sind Rothirsche und

Hirschkühe, die mit ihren Zähnen die Rinde abschälen und fressen. Fichtenrinde ist nämlich ein natürlicher Bestandteil ihres Speisezettels. Solche Verletzungen der Rinde nennt der Förster **Schälschäden**. Wenn die Wunden dann überwachsen werden und Pilze eindringen, wird der Baum an dieser Stelle mit der Zeit immer dicker. Je mehr Schälstellen, desto mehr bläht sich der Bauch auf. Die Pilze machen das Holz weich, zersetzen es und entwerten es damit. Gerade am untersten, dicksten Ende des Stammes entsteht ein großer Wertverlust. Ganze Waldbestände können dadurch instabil und somit auch anfälliger gegen Windbruch oder Schneedruck werden.

Dass manche Fichten einen Bauch haben, ist die Schuld von Rothirschen, die sich an ihrer Rinde den Bauch vollschlagen.

Spechte suchen an den Bäumen nach Insektenlarven. Sie klopfen die Rinde ab und spüren dabei die Larven, die sich unter der Rinde eingenistet haben. Dann hacken sie die Rinde mit ihrem Meißelschnabel ab und holen die fette Beute mit ihrer langen klebrigen Zunge heraus. Haben sich die Larven ins Holz gebohrt, hacken die Spechte den Stamm unermüdlich so weit auf, bis sie an den Leckerbissen, beispielsweise eine Holzwespenlarve, kommen – bis zu 10 000 Mal an einem

einzigen Tag! Dabei können riesige Löcher entstehen. Solche **Spechthackstellen** findet man in allen möglichen Höhen.

Angenagte Früchte, Zapfen und Blätter

Auch für kleinere Tiere ist der Tisch am Gasthaus Baum reich gedeckt. Viele Vögel und kleine Nagetiere fressen mit Vorliebe die ölhaltigen Samen von Nadelbäumen. Die abgenagten **Zapfengerippe** verraten, wer hier gefressen hat, denn jedes Tier hat seine ganz eigene Handschrift.
Eichhörnchen nehmen ihr Mahl hoch oben in den Baumwipfeln ein; sie nagen die einzelnen Schuppen ab und lassen die bis auf die Spitze abgenagten Zapfen anschließend auf die Erde fallen. Sie sind daran zu erkennen,

dass am übrig gebliebenen Zapfenrumpf, der Spindel, Fasern abstehen. Hat dagegen ein Mäuslein daran geknabbert, bleiben am Zapfengerippe keine Fasern zurück und die Schuppen sind nur zum Teil abgenagt. Und noch jemand weiß die Zapfen von Kiefern und Fichten zu schätzen: der Specht. Er klemmt den Zapfen zwischen Zweigen oder in einen vorher in den Stamm gehackten Spalt wie in einen Schraubstock ein und sticht dann mit dem Schnabel nach den Samen. In nur wenigen Minuten hat er alle herausgeschlagen. Manchmal verkeilt er die Zapfen auch in einer Kerbe an einem Stuken, also einem groben Holzklotz oder einer ausgerodeten Baumwurzel. Solche Stellen nennt man treffend **Spechtschmieden**. Weil er immer wieder in seine Schmiede zurückkehrt und einen Zapfen nach dem anderen verarbeitet, findet man unter solchen Bäumen oft ein ganzes Arsenal abgenagter Zapfen. Typisch für sie sind die zerhackten und zerfaserten Schuppen.

Der Specht bearbeitet in seiner Schmiede einen Zapfen nach dem anderen. Darunter sammelt sich manchmal ein ganzes Arsenal abgenagter Zapfen an.

Viele dankbare Abnehmer finden auch Früchte wie Eicheln oder Haselnüsse. An den Fraßspuren an **angenagten Haselnussschalen** unter Haselsträuchern können kleine Waldforscher die jeweiligen Nutznießer gut ermitteln. Der Specht hackt die Nuss in seiner Spechtschmiede auf. Um das Loch herum sind deutlich seine Schnabelspuren zu sehen. Eichhörnchen nagen die harte Schale an der Spitze an und knacken sie dann in zwei Hälften, um an die nahrhafte Delikatesse zu kommen. Da junge Eichhörnchen erst noch

üben müssen, nagen sie die Schale oft an mehreren Stellen an. Mäuse gehen anders vor. Die kleine Haselmaus knabbert ebenso wie die Waldmaus ein kleines rundes Loch in die Schale und erweitert es entlang der Kante; darin haben ihre Zähnchen parallel zur Öffnung deutliche Spuren hinterlassen. Bei einer von der Rötelmaus benagten Schale stehen die Zahnspuren senkrecht zum Lochrand. Hat die Haselnuss nur ein winziges Loch, ist dies das Werk des Haselnussbohrers. Dieser Rüsselkäfer bohrt es in die Schale, um dann seine Eier in die Nuss zu legen. Manch ein Hainbuchennüsschen oder eine Buchecker, die man in der Rinde eines Eichenbaumes stecken sieht, hat der Kleiber dort fixiert. Er hämmert sie, ganz ähnlich wie der Specht, in seiner Kleiberschmiede mit dem Schnabel auf.

Baumschäden durch Insekten und Larven

Insekten nutzen Bäume auf vielfältige Weise: als Nahrung, Wohnstätte und als Kinderstube, in der sie ihren Nachwuchs aufziehen. **Borkenkäfer** wie der Kupferstecher oder Buchdrucker bohren sich in die Rinde geschwächter Fichten ein. Danach senden sie Duftstoffe aus, die weitere Käfer anlocken. Unter der Rinde frisst das Buchdruckerweibchen einen sogenannten Muttergang frei und das Männchen frisst eine Rammelkammer, in der sich die Käfer paaren. Es benutzt seine eingedellten Flügeldecken als Schaufeln, um das anfallende Bohrmehl nach draußen zu befördern. Anschließend legt das Weibchen seine Eier an den Seitenwänden des Muttergangs ab. Später bohren die Larven – es sind 20–100 pro Gang – quer zum Muttergang geschwungene Fraßgänge. Am Ende des Fraßganges verpuppen sie sich und bohren sich dann nach außen.

Beim Fressen in der Rinde entsteht braunes **Bohrmehl**, das der Käfer aus dem Einbohrloch schiebt. Wird dagegen helles Bohrmehl herausgedrückt, bedeutet das, dass hier ein Käfer direkt zwischen Rinde und hellem Splintholz frisst. Dieses Holz verliert an Wert, denn die **Fraßgänge** sind später am gesägten Holz sicht-

bar. Ist ein Baum stark von Borkenkäfern befallen, fließt vermehrt Harz aus, die Rinde fällt ab und offenbart die Fraßgänge, die je nach Art ein ganz typisches Muster aufweisen. Das geschieht, während die Krone noch grün ist, doch allmählich verfärben sich die Nadeln rot. Dadurch, dass die Larven sich vom Bastgewebe, der lebenden Schicht unter der Borke ernähren, werden die lebenswichtigen Saftbahnen des Baumes unterbrochen und er stirbt ab.

Andere Schadinsekten und Schmarotzer sind auf **Blattfraß** spezialisiert. So legt zum Beispiel der kleine Buchenspringrüssler, ein Rüsselkäfer, seine Eier an der Unterseite von Buchenblättern ab. Später frisst die Larve erst einen schmalen, dann einen breiteren Bereich, wodurch sich die Blätter an diesen Stellen braun verfärben. Am Ende sind die Blätter zur Hälfte braun und etwas wellig. Die Raupe des Frostspanners, eines Schmetterlings, frisst an fast allen Laubbäumen und kann zusammen mit dem Eichenwickler ganze Eichenbestände kahl fressen. Während dieser Fressphase kann der aufmerksame Waldbesucher tatsächlich hören, wie der Kot auf die Laubstreu rieselt.

Entdeckt man kleine rötlich grüne Kugeln an der Unterseite von Eichen- oder Buchenblättern, sind das **Gallen** oder – weil sie an kleine Äpfel erinnern – Galläpfel. Die Übeltäter sind meist Gallwespen, die das Blatt anstechen und ihre Eier in den Blattnerven ablegen. Um sich dagegen zu wehren, hüllt das Blatt die Eier in eine Kugel ein. Der Schuss jedoch geht nach hinten los: Für die Eier

und Larven sind diese Gallen die ideale Kinderstube, in der sie gut mit Nährstoffen versorgt werden. Aus den Larven werden Puppen und daraus schlüpfen bald die jungen Eichengallwespen. Gallen verursachen auch die große Buchenblatt-Gallmücke und die Fichtengalllaus.

Feine Gespinste

Im Morgentau glitzern die filigranen Netze von Spinnen wie Diademe, doch tagsüber bemerkt man sie im Schatten der Bäume manchmal erst, wenn man auf einmal etwas Klebriges auf der Haut spürt. Die Achtbeiner spinnen mit ihren Spinndrüsen am Hinterleib Fäden, aus denen sie ein kunstvolles Netz bauen, in dem sich Fliegen und andere Beutetiere unentrinnbar verfangen. Manche kleinen Spinnen lassen sich am Faden hängend mit dem Wind transportieren. Doch auch Schmetterlingsraupen können Spinnfäden herstellen und damit Blätter einrollen, in denen sie sich dann verpuppen, oder sich mit dem Faden in einer Baumkrone zum nächsten Blatt, ihrer neuen Futterstelle, abseilen.

Totes Holz voller Leben

Im LÖWE-Wald der Niedersächsischen Landesforsten – die Abkürzung steht für **L**angfristige **Ö**kologische **W**ald**e**ntwicklung“ (siehe Seite 90) – sollen einige Bäume uralt werden und natürlich sterben können. Die Forstleute markieren diese Bäume mit einem X. Aber auch dünneres, jüngeres Totholz, egal ob liegend oder stehend, ist für das Ökosystem Wald enorm wichtig. Denn von diesen Baumveteranen profitieren viele Arten; so zimmern Spechte zum Beispiel im morschen Holz Höhlen, die dann von Fledermäusen und anderen Nachmietern übernommen werden. Auch Pilze, Moose, Flechten und Insekten besiedeln abgestorbene Bäume und leben von ihnen. An Totholz lassen sich bis zu 1000 verschiedene Arten nachweisen.

Totholz ist ein spannendes Untersuchungsobjekt für Kinder, die hier erkennen können, dass in der Natur alles verwertet wird und einem ewigen Kreislauf unterliegt.

Die Tiere des Waldes

Wer im Wald möglichst viele große Tiere zu Gesicht bekommen möchte, sollte früh aufstehen: In den frühen Morgenstunden kommen die meisten aus ihrem Bau oder Schlupfwinkel und machen sich auf die Suche nach Futter. Tagsüber, wenn sie sich wieder zum Ruhen zurückziehen, lassen sich eher Vögel, Schmetterlinge und andere kleine Tiere blicken. Gerade die kleinen Bodenlebewesen übersieht man gerne, dabei sind es diese Miniwaldarbeiter, die den Lebensraum Wald intakt halten und Abfallstoffe zu guter, neuer Erde recyceln. In der Abenddämmerung kommt dann wieder mächtig Leben in den Wald: Neben den tagaktiven sind nun auch die ersten nachtaktiven Tiere unterwegs. – Hier eine Übersicht über die wichtigsten Tiere, die in den Niedersächsischen Landesforsten zu Hause sind.

Wildschwein

Wildschweine mögen feuchte Wälder mit schlammigem Boden, in dem sie sich wälzen können. Sie sind vorwiegend abends und nachts aktiv und ruhen tagsüber im Dickicht in Kuhlen. Diese Kuhlen werden von den Jägern auch Kessel genannt. Falls nötig, können sie sehr schnell rennen und sogar mehrere Kilometer schwimmen. Als Allesfresser leben sie von Eicheln, Bucheckern, Wurzeln, Pilzen, Insekten und deren Larven, Schnecken, Mäusen, Jungvögeln und vielem mehr; selbst Aas wird nicht verschmäht.

Steckbrief

- Körper bis 170 cm lang, bis 110 cm Schulterhöhe, 40–120 kg Gewicht, teilweise darüber
- gedrungener Körper, schmaler, lang gestreckter Kopf mit Rüssel; die kräftigen, spitzen Eckzähne (Hauer) sind nur beim Männchen (Keiler) stark entwickelt
- langes, hartes schwarzbraunes (daher auch die Bezeichnung Schwarzwild) Borstenfell; bei Jungtieren (Frischlingen) im ersten Jahr gelbweiße Streifen auf rötlich braunem Grund

Die Bachen (Weibchen) und Jungtiere leben in Gemeinschaft, die Keiler einzelgängerisch. Nur zur Paarungszeit von November bis Januar leben auch sie in der Rotte. Die Jungen kommen im April/Mai zur Welt und werden 2–3 Monate gesäugt. Schon nach 14 Tagen in der gut ausgepolsterten Kinderstube (Kessel) erobern sie mit der Mutter die Waldwelt.

Schon gewusst? Eine Wildsaumutter, die Bache, ist sehr fürsorglich. Um ihre Jungen zu beschützen, greift sie jeden an, der ihnen zu nahe kommt. Deshalb auf keinen Fall nähern!

Rothirsch

Hirsche sind überwiegend in der Dämmerung und Nacht aktiv und ruhen tagsüber verborgen im dichten Unterholz. Erst abends machen sie sich auf die Suche nach Nahrung (Äsung). Auf ihrem Speisezettel stehen je nach Jahreszeit Moose, Flechten, Knospen und frische Triebe, Baumrinde, Gräser, Kräuter, Pilze, Eicheln, Bucheckern und Wildfrüchte. Der männliche Hirsch wirft sein Geweih jedes Jahr im zeitigen Frühjahr ab, danach sprosst oder „schiebt" das neue, größere Geweih, das von Bast (einer samtartigen, behaarten Haut) überzogen ist.

Steckbrief

- Körper bis 210 cm lang, Schulterhöhe bis 125 cm, Gewicht bis 160 kg, teilweise deutlich darüber
- hohe Beine, langer, schlanker Hals mit Halsmähne (nur beim Männchen)
- hohes Stangengeweih (nur beim Männchen)
- rotbraunes Fell (daher der Name, auch Rotwild), im Winter graubraun; bei Jungtieren (Kälbern) in den ersten beiden Monaten weiß getupft

Je nachdem, wie viele Enden das Geweih hat, spricht man von Sechsender, Zwölfender usw. Die Männchen und die Weibchen mit den Kälbern leben in getrennten Rudeln und kommen nur zur Paarungszeit (Brunft) von September bis Anfang Oktober zusammen. Dann liefern sich männliche Rivalen mit ihrem Geweih erbitterte Kämpfe um die Weibchen. Wer als Sieger aus dem Duell hervorgeht, ist der „Platzhirsch" und darf sich mit allen Hirschkühen paaren.

Schon gewusst? Das Rotwild wurde früher von höfischen Jagdgesellschaften grausam verfolgt. Die Tiere wurden entweder in großen Wildgehegen zusammengetrieben und mit Speeren und Musketen getötet oder in Hetzjagden mit Pferden und Hunden manchmal tagelang bis zur Erschöpfung gejagt.

Damhirsch

Damwild ist in Tierparks und Gehegen sehr beliebt, weil es sehr zahm wird und wenig Scheu zeigt. Es ist außerdem genügsam und fühlt sich daher auch in Kiefernheiden wohl. Ähnlich wie das Rotwild frisst es Gräser, Kräuter, Eicheln und Bucheckern. Statt Baumrinde wie der Rothirsch in Fetzen abzuziehen, knabbert es daran mit schief gelegtem Kopf. Das Damwild lebt gesellig in großen Rudeln, die Männchen außerhalb der Brunftzeit (Mitte Oktober bis Mitte November) alleine oder in kleinen Trupps. Ihr Junges verteidigt die Mutter gegen kleine Raubtiere, indem sie mit den Vorderläufen danach schlägt. Größere Feinde führt sie in die Irre, indem sie langsam vom Versteck wegschreitet, um dann nach einiger Zeit die Flucht zu ergreifen.

Steckbrief

- Körper bis 140 cm lang, Schulterhöhe bis 90 cm, Gewicht bis 120 kg
- kräftiger, gedrungener Körper, kürzere Beine als der Rothirsch und deutlich kleiner
- Männchen mit Schaufelgeweih
- Fell im Sommer rotbraun mit weißen Flecken und dunklem Längsstreifen über dem Rückgrat, Unterseite weiß; im Winter dunkler, eher grau und ungefleckt, Unterseite aschgrau; Jungtiere (Kälber) immer gefleckt

Schon gewusst? Damhirsche haben einen so ausgeprägten Gesichtssinn, dass sie sogar einen Menschen erkennen können, der sich nicht bewegt.

Reh

Rehe halten sich tagsüber im Dickicht verborgen und kommen erst in der Abenddämmerung zum Äsen (Kräuter, Gräser, Blätter, Knospen, Früchte, Samen, Rinde) hervor. An jungen Laub- und Nadelbäumen können sie großen Verbissschaden anrichten. Sie sind gewandte Läufer und können mit Leichtigkeit über breite Gräben springen und gut schwimmen.

Rehe leben nur im Winter in großen Familienrudeln zusammen. In der Paarungszeit im Juli/August treiben die Männchen die Weibchen vor sich her, teilweise im Kreis, was im Boden deutliche Spuren hinterlässt (sogenannte Hexenkreise). Die Mutter lässt die Jungtiere nach der Geburt im Unterholz allein und kommt nur zum Säugen. Da das Kitz keinen Eigengeruch hat und gefleckt ist, ist es gut getarnt. Nach wenigen Tagen kann es der Mutter folgen.

Schon gewusst? Rehe empfinden lauten, aber steten Autoverkehr als nicht störend. Daher kann man die Tiere häufig auch neben Autobahnen äsen sehen.

Steckbrief

- Körper bis 135 cm lang, Schulterhöhe bis 75 cm, Gewicht bis 25 kg
- kurzer Kopf mit großen dunklen Augen und weißem Kinn, schlanker Hals
- zierlicher Körper, lange, schlanke Beine
- Fell im Sommer fuchsrot, großer gelblich weißer Fleck (Spiegel) am Steiß, im Winter graubraun mit weißem Spiegel; Jungtiere (Kitze) in den ersten zwei Monaten rötlich braun mit in Reihen angeordneten gelblichen oder weißen Flecken
- Männchen mit kurzem Stangengeweih, meist sechsendig; die Stangen sitzen auf knöchernen Stirnbeinzapfen (Rosenstöcke)

Rotfuchs

Der Fuchs ist in unseren Wäldern das häufigste und nach dem Wolf und dem Luchs das größte Raubtier. Er hat ein ausgesprochen feines Gehör, eine feine Nase und scharfe Augen und ist ein flinker Läufer, behänder Springer und schneller Schwimmer. Auch beim Lauern und Anschleichen stellt er sich sehr geschickt an. Er jagt nachts und in der Dämmerung bevorzugt Mäuse, ist aber für fast alle tierische Nahrung zu haben: von der Wespenlarve samt Nest über Regenwürmer, Schnecken, Jungvögel und Eier bis hin zum Rehkitz. Er gilt als die Gesundheitspolizei des Waldes, weil er vornehmlich schwache und kranke Tiere überwältigt und auch vor Aas nicht zurückschreckt. Füchse sind sehr anpassungsfähig. Als Pendler zwischen Wald und Flur wagen sie sich heute auch bis an den Stadtrand vor und durchwühlen dort die Mülltonnen nach Essbarem. Manche haben ihre Heimat Wald sogar ganz gegen den Stadtpark getauscht. Bis auf die Zeit der Paarung und Aufzucht leben Füchse einzelgängerisch. Die Jungen kommen in einem verzweigten unterirdischen Bau mit geräumigem Wohnkessel zur Welt und das Männchen (Rüde) hilft bei der Aufzucht.

Achtung: Ein zutraulicher Fuchs könnte die Tollwut haben – auf keinen Fall berühren!

Steckbrief

- Körper bis 80 cm lang, Schulterhöhe bis 40 cm, Gewicht bis 10 kg
- Kopf mit langer spitzer Schnauze und spitzen Ohren
- schlank mit kurzen Beinen und langem, buschigem Schwanz (Lunte)
- gelbrotes bis tiefrotes Fell, Kehle, Bauch und Schwanzspitze weiß oder hellgrau, im Winter sehr dicht; Fell der Jungtiere (Welpen) graubraun

Schon gewusst? Fuchswelpen sind bei der Geburt blind und taub und völlig hilflos; man bezeichnet sie deshalb als Nesthocker. Sie werden 4–6 Wochen im Bau gesäugt. Danach unternehmen sie mit der Mutter (Fähe) immer wieder kurze Ausflüge und üben sich in der Jagd. Nach 3–4 Monaten sind die kleinen Rotpelze selbstständig.

Dachs

Der Dachs sieht schlecht, kann dafür aber umso besser riechen. Als guter Futterverwerter lässt er sich von Wurzeln und Früchten über Insekten und Schnecken bis hin zu Maulwürfen, Schlangen und Wildkaninchen so ziemlich alles schmecken. Häufig gräbt er mit seiner Schnauze Löcher in die Laubschicht des Waldbodens und „schlürft" Regenwürmer, Engerlinge und andere Leckerbissen. Gefressen wird meistens nachts, tagsüber ruht er sich in seinem geräumigen mehrstöckigen Bau unter der Erde aus, den er mit seinen kräftigen Vorderpfoten gegraben hat. In manchen Dachsbauen leben richtige Großfamilien mit bis zu 15 Tieren zusammen und manchmal wird auch noch ein Fuchs als Untermieter aufgenommen. Die Jungen kommen dort im Februar/März blind zur Welt.

Steckbrief

- Körper bis 80 cm lang, Schulterhöhe bis 30 cm, Gewicht bis 20 kg
- gedrungener Körper mit kurzem Schwanz und kurzen Beinen, kräftige, krallenbewehrte Vorderpfoten
- langer Kopf mit spitzer Schnauze, dicker Hals
- dichtes Fell mit steifen Haaren an Seiten und Rücken weißgrau mit schwarz durchsetzt, schwarze Beine und Unterseite, Kopf schwarz-weiß gestreift

Schon gewusst? Dachse halten keinen Winterschlaf, sondern Winterruhe. Das heißt, sie schlafen die meiste Zeit in ihrem Bau, behalten aber ihre Körpertemperatur bei. Ab und zu wachen sie auf und werden von Hunger und Durst nach draußen getrieben.

Feldhase

Feldhasen schlafen tagsüber in sitzender Haltung in flachen Mulden, die sie selbst gescharrt haben. Dieses Lager nennt man Sasse (von „sitzen“). In der Abend- und Morgendämmerung gehen sie auf Futtersuche, und wenn der Mond scheint, auch die ganze Nacht. Als reine Vegetarier fressen sie mit ihren scharfen Nagezähnen Kräuter, Gräser, Blätter, Früchte, Pilze sowie Knospen, Zweige und Rinde von Bäumen. Die gespaltene Oberlippe (daher auch die Bezeichnung „Hasenscharte“ beim Menschen) macht das Nagen leichter. Feldhasen hören, riechen und schmecken sehr gut, nur sehen sie nicht so gut.

Die Häsin bringt 3–4 Mal im Jahr zwei bis fünf behaarte, sehende Junge zur Welt, die bereits laufen können; man nennt sie daher Nestflüchter. Allerdings erreichen viele Junghasen nicht das Erwachsenenalter, weil sie von Raubtieren und Greifvögeln gefressen werden.

Steckbrief

- Körper bis 65 cm lang, Gewicht bis 5 kg, deutlich größer als ein Kaninchen
- sehr lange, kräftige Hinterläufe, kurzer Schwanz mit weißer Unterseite (Blume)
- lange Ohren (Löffel) mit schwarzer Spitze
- gelbbraunes Fell, weißer Bauch; Jungtiere manchmal mit weißem Fleck auf der Stirn

Schon gewusst?* *Der Feldhase hat eine besondere Sprungtechnik: Er setzt die Hinterläufe vor den Vorderläufen auf. Mit seinen langen, starken Hinterläufen kann er sehr hoch springen. Bei Gefahr erreicht er Spitzengeschwindigkeiten von bis zu 70 Stundenkilometern und verwirrt seine Verfolger, indem er Haken schlägt.

Eichhörnchen

Die Nagetiere sind begnadete Kletterer, die behände und schnell Baumstämme hinauf- und vornüber wieder hinunterkraxeln, und Flugkünstler, die mühelos von Ast zu Ast springen. Für die nötige Balance sorgt dabei der lange federbuschartige Schwanz. Das Eichhörnchen riecht, hört und sieht sehr gut. Da es als Tagtier zwischen Morgen- und Abenddämmerung aktiv ist, bekommen Waldspaziergänger es häufig zu Gesicht. Es frisst neben Pilzen und Beeren die Samen, Knospen, Triebe und Rinde von Bäumen, aber auch Schnecken und Insekten und räubert die Nester von Singvögeln aus. Eine Delikatesse sind Haselnüsse und Walnüsse. Für den Winter sorgt es vor, indem es sich in hohlen Bäumen, zwischen Baumwurzeln, in selbst gegrabenen Löchern oder in verlassenen Vogelnestern Vorräte anlegt, beispielsweise Eicheln – daher der Name. Davon kann es sich, wenn es zwischendurch einmal aus seiner Winterruhe erwacht, ernähren. Da es aber hin und wieder Vorratskammern vergisst, wachsen an diesen Stellen im Laufe der Zeit neue Bäume und Sträucher. Die Eichhörnchenmama polstert das Nest für ihren Nachwuchs mit Moos, Gräsern und Federn weich aus und kümmert sich rührend um ihre nackten, blinden Kleinen. Das wendige Eichhörnchen entkommt den meisten Feinden, nur Baummarder, Habicht und Uhu können ihm gefährlich werden.

Steckbrief

- Körper bis 25 cm lang, Gewicht 250–400 g
- buschiger Schwanz, fast so lang wie der Körper
- scharfe Krallen an Füßen und Händen
- Fell fuchsrot bis schwarzbraun mit weißer Unterseite; im Winter an den Ohren Pinsel

Schon gewusst? Der größte Teil des Eichhörnchenlebens spielt sich in den Baumwipfeln ab. Dort baut sich der possierliche Geselle mehrere Kobel – überdachte Kugelnester aus Reisig, die außen häufig mit Blättern „verputzt“ sind. Weil das Eichhörnchenhaus in luftiger Höhe steht, entdecken wir aber nur ganz selten eines.

MÄUSEBUSSARD

Unser häufigster einheimischer Greifvogel jagt bei Tag über dem offenen Land Feldmäuse und andere kleine Säugetiere, frisst aber auch Aas, Vögel, Frösche und Insekten. Er jagt im Flug oder vom Ansitz aus. Häufig steht er in der Luft, rüttelt aber auch gelegentlich. Oder er hockt stundenlang auf einer erhöhten Sitzwarte. Vor allem im Winter kann man ihn am Rand von stark befahrenen Landstraßen sitzen und nach Beute Ausschau halten sehen. Seinen Horst aus großen Ästen und Zweigen errichtet er bevorzugt in hohen Eichen und Kiefern am Waldrand und brütet darin 2–4 Junge aus. Sie sind nach 6–7 Wochen flügge.

Steckbrief

- 51–57 cm groß, Flügelspannweite bis 140 cm, Gewicht 700–1200 g
- Gefieder variabel, meist braune Oberseite und hellere, gebänderte Unterseite, bei Männchen und Weibchen gleich
- im Flug: kurzer Hals, breite, abgerundete Flügel, kurzer, breit gefächerter Schwanz
- Ruf: ein miauendes „Hiääh"

Schon gewusst? Früher wurden Greifvögel als Schädlinge betrachtet und gejagt, sogar die Nester hat man geplündert. Damit und durch den Einsatz von Pestiziden in der Landwirtschaft wurden ihre Bestände stark dezimiert und die Vögel nah an den Rand der Ausrottung gebracht. Heute sind sie geschützt, weil man erkannt hat, wie wertvoll sie für ein natürliches Gleichgewicht sind.

WALDKAUZ

Der Waldkauz ist unsere häufigste Eulenart und ein geschickter Nachtjäger. Auf der Suche nach kleinen Säugetieren, Singvögeln, Fröschen und Insekten gleitet er mit seinem samtartigen Gefieder lautlos durch die Luft oder lauert auf einer erhöhten Sitzwarte auf Beute oder geht sogar fischen. Er sieht und hört sehr gut, wobei vor allem die Ohren in der Nacht extrem wichtig sind. Damit hört er die leisesten Geräusche und erkennt, woher sie kommen und wie weit sie entfernt sind. Seine 2–5 Eier legt das Weibchen in Baumhöhlen oder die verlassenen Horste anderer Greifvögel. Da Waldkauzeltern sehr aggressiv werden und auch Menschen angreifen können, hält man sich vom Nest besser fern. Waldkauzpaare sind sich nicht selten ein Leben lang treu.

Steckbrief

- 37–39 cm groß, Flügelspannweite 90–100 cm, Gewicht 450–550 g
- Gefieder meist rostbraun gesprenkelt, zuweilen auch grau, bei beiden Geschlechtern gleich
- gedrungener Körper, lange, scharfe Krallen, großer, runder, plustriger Kopf, große, schwarze Augen
- im Flug: breite, abgerundete Flügel
- Ruf: „Kjuwitt" und „Huhu, huhuhu-huu"

Schon gewusst? Die Augen aller Eulen sind starr nach vorne gerichtet. Um dennoch den Überblick zu bewahren, können sie ihren Kopf um 270 Grad drehen – mit anderen Worten: Sie können über die linke Schulter schauen, wenn sie den Kopf nach rechts drehen!

Buntspecht

Der Buntspecht (auch Rotspecht) ist unser häufigster Specht. Er liebt Kiefernwälder, hat aber auch mit Laub- und Mischwäldern kein Problem, und kann senkrecht an Baumstämmen hochklettern, wobei ihm seine krallenbewehrten Füße und der fächerartige Stützschwanz eine Hilfe sind. Er lebt von Insekten und Larven, die unter der Rinde und im Holz der Bäume leben, und lockt sie durch Klopfen hervor. Außerdem mag er Nüsse, Beeren und Samen und erweitert im Frühjahr seine Speisekarte um Jungvögel und Vogeleier, wozu er auch Nistkästen aufmeißelt. Da Buntspechte nicht singen, markieren sie ihr Revier durch Trommeln und versuchen so auch das Interesse des anderen Geschlechts auf sich zu ziehen. Seine bis zu 50 cm tiefe Bruthöhle meißelt der Buntspecht durch kräftige Schnabelschläge innerhalb von zwei bis drei Wochen in die Stämme alter Bäume. Die Eltern brüten abwechselnd. Die 4–6 Jungen sind nach drei Wochen flügge.

Steckbrief

- 22–23 cm groß (Amselgröße), Flügelspannweite 34–39 cm, Gewicht bis 80 g
- schwarzes Gefieder mit weißen Flecken, Unterseite weiß, schwarz-weiße Gesichtszeichnung, Männchen mit rotem Fleck am Hinterkopf
- im Flug: kräftig rote Schwanzunterseite, weiß bebänderte Schwingen
- Ruf: „Kick, kick"

Schon gewusst? Obwohl sie mit ihrem kräftigen Schnabel stundenlang wie die Weltmeister aufs Baumholz trommeln (10–15 Schläge in der Sekunde!), bekommen Spechte keine Kopfschmerzen. Das liegt an einer Art Stoßdämpfer zwischen Schnabel und Schädel und daran, dass das Gehirn den Schädel fast komplett ausfüllt und sich darin nicht bewegen kann.

Eichelhäher

Das laute, raue Gekreisch des sonst eher scheuen Rabenvogels ist im Wald unüberhörbar; damit warnt der Eichelhäher andere Vögel vor einer nahenden Gefahr. Seine Nahrung sind Samen, vor allem Eicheln und Bucheckern, aber er raubt auch gern die Nester von Singvögeln aus und frisst zudem große Insekten wie Maikäfer. Die Eltern bauen ein eher schlampiges Nest aus Reisig und Zweigen in einer Astgabel und wechseln sich beim Ausbrüten der 5–7 Eier ab.

Steckbrief

- 34–35 cm groß (taubengroß), Flügelspannweite 52–53 cm, Gewicht 170 g
- Gefieder rötlich braun, Flügel schwarz-weiß mit blau-schwarz gebänderten Flügeldecken, kleine Federhaube
- im Flug: breite, abgerundete Schwingen, schwarzer, langer Schwanz, weißer Bürzel
- Ruf: „rrääh, rrääh"

Schon gewusst? Eichelhäher sind unfreiwillige Waldgärtner. Sie verstecken und vergraben im Herbst Eicheln und Bucheckern als Wintervorrat, finden aber einen Teil davon nicht wieder. Aus den vergessenen Früchten, der sogenannten Hähersaat, wachsen dann neue Bäume heran.

Amsel

In Städten und Gärten ist die Amsel ein vertrauter Anblick, sodass viele gar nicht wissen, dass sie ursprünglich ein Waldbewohner ist.

Weibchen

Männchen

Sie sucht in der Laubschicht des Waldbodens nach Schnecken, Insekten und Würmern und verspeist im Herbst auch gerne Früchte und Beeren. Das große Nest aus Halmen, Lehm und Ästchen legt sie in einem Baum oder Busch an.

Steckbrief

- 24–25 cm groß, Flügelspannweite 34–38 cm, Gewicht 80–100 g
- Männchen: tiefschwarzes Gefieder und orangegelber Schnabel, Weibchen: braunes Gefieder und brauner Schnabel, leicht gepunktete Brust und Oberseite
- Ruf: „Tick-tick-tick" und „tsieh"

Schon gewusst? Amseln singen klar und melodiös und sind dabei erstaunlich kreativ: Selbst eine Handymelodie können sie ihrem Liedschatz einverleiben!

Kohlmeise

Die größte unter den Meisen fühlt sich am wohlsten in Laubmischwäldern, ist aber auch in unseren Gärten heimisch. Sie ist ein wendiger Kletterer und turnt gern auf der Suche nach Futter in den Ästen herum. Sie ernährt sich von Samen und Nüssen und vertilgt auch eine Menge Insekten, was in Jahren, in denen sich bestimmte Insekten oder Raupen massenhaft vermehren, eine große Hilfe ist. Deshalb bietet man den biologischen Schädlingsbekämpfern im Wald häufig Nistkästen an, die sie gern für ihr Nest aus Moos und Tierhaaren annehmen; ansonsten legen sie es in Baumlöchern an. Kohlmeisen bekommen zwei Mal im Jahr 8–12 Junge, doch nur etwa 15 Prozent der Jungvögel überleben. Ein Meisenpaar vertilgt mit seinen Jungen in einem Sommer mehr als 50 kg Insekten und anderes Getier.

Steckbrief

- 14 cm groß, 16–21 g Gewicht
- schwarzer Kopf mit weißen Wangen, Oberseite olivgrün, Unterseite gelb mit schwarzem Längsstreifen
- Ruf: „Zizibäh, zizibäh“ und „pink-pink“

Schon gewusst? Jedes Kohlmeisenmännchen singt eine eigene Melodie in seiner eigenen Geschwindigkeit.

Kleiber

Der Kleiber bevorzugt Laub- und Eichenwälder mit altem Baumbestand. Der flinke Kletterer kann auch mit dem Kopf voraus senkrecht den Baum hinunterlaufen und pickt dabei Insekten aus der Rinde. Im Winter stehen hauptsächlich Baumsamen auf seinem Speisezettel. Ähnlich wie der Specht steckt er Nüsse in Felsspalten oder Baumrinde und hämmert sie dann mit seinem kräftigen Schnabel auf.

Steckbrief

- 14 cm groß, 19–24 g Gewicht
- Rücken graublau, Unterseite gelbbraun bis rostgelb, schwarzer Augenstreif am Kopf, kräftiger, langer Pinzettenschnabel
- im Flug: spitzer Kopf, kurzer Schwanz, breite, abgerundete Flügel
- Ruf: „Twit-twit-twit“

Schon gewusst? Der Name „Kleiber“ leitet sich davon ab, dass das Weibchen zum Brüten eine verlassene Specht- oder Nisthöhle bezieht und das Loch mit einem Brei aus Lehm, einer Art Kleber, so weit zukleistert, dass nur sie noch hindurch kann.

ERDKRÖTE

Die größte einheimische Kröte kommt in der Dämmerung aus ihrem Versteck und jagt nachts Nacktschnecken, Regenwürmer, Spinnen, Insekten und deren Larven; tagsüber läuft sie einem nur bei schwülwarmem Regenwetter schwerfällig über den Weg. Fühlt sie sich bedroht, bläht sie sich auf und erhebt sich auf ihre gestreckten Beine.

Im Herbst ziehen sich die Tiere in eine trockene Erdhöhle zurück und fallen in eine Winterstarre. Im März kommen sie wieder hervor und wandern in Massen in nahe gelegene Tümpel, um zu laichen. Dabei trägt das größere Weibchen das Männchen huckepack. Aus den zu Tausenden in langen Schnüren an den Wasserpflanzen verankerten Eiern werden Kaulquappen, die schließlich im Juli als winzige Kröten an Land steigen.

Steckbrief

- Männchen 8 cm lang und 30–50 g schwer, Weibchen 15 cm lang und 50–100 g schwer
- gedrungener Körper, breiter Kopf, weit auseinanderstehende Augen mit waagerechter Pupille
- trockene, warzige Haut, meist braun gefleckt, an der Unterseite heller

Schon gewusst? Erdkröten sondern bei Bedrohung aus ihren Drüsen einen weißlichen Saft ab, der die Schleimhäute ihres Feindes reizt. Warzen bekommt man vom Berühren einer Erdkröte aber entgegen altem Volksglauben nicht!

Rote Waldameisen

Wie alle Ameisen leben auch die typischen Waldameisen, die bekanntesten europäischen Vertreter ihrer Art, in einem vorbildlich organisierten Staat. Er besteht aus einer Königin, die mit dem Nestbau beginnt und allein die Eier legt, und mehreren Hunderttausend flügellosen Wachsoldatinnen und Arbeiterinnen. Letztere bauen weiter am Nest, säubern und verteidigen es, pflegen die Brut und versorgen Königin und Brut mit Nahrung. Dazu ziehen sie auch Samen unter die Erde und helfen so bei der Vermehrung von Waldpflanzen. Sie gehen zusammen auf Nahrungssuche und können gemeinsam auch wesentlich größere Insekten wie Käfer oder Heuschrecken sowie Raupen überwältigen und zum Nest schleppen. Wenn sich in manchen Jahren Schadinsekten massenhaft vermehren, kann ein Ameisenstaat an einem einzigen Tag bis zu zehn Millionen Stück erbeuten, was sie zu einer äußerst schlagfertigen Schädlingsbekämpfungstruppe macht. Außerdem „melken“ Ameisen Blattläuse, um an den Honigtau, einen klebrigen, süßen Saft zu kommen. Die bis 1,50 Meter hohen Hügelnester der Waldameise findet man vor allem in Nadelwäldern, aber auch in Laub- und Mischwäldern.

Steckbrief

- 4–8 mm groß
- großer Kopf, rotbrauner Vorderkörper, dicker schwarzer Hinterleib
- behaarter Rücken

Schon gewusst? Männchen ist im Ameisenstaat ein kurzes Leben beschieden. Im Frühjahr schlüpfen neben einigen geflügelten Weibchen auch geflügelte Männchen. Nachdem sie die Weibchen im Frühsommer im Hochzeitsflug begattet haben, sterben sie. Die Spermien, die die Jungköniginnen bei der Paarung aufnehmen, reichen für ein ganzes Leben.

Schmetterlinge

Tagpfauenauge

Schmetterlinge kommen nicht nur auf sonnigen Wiesen, sondern durchaus auch im Wald vor. Da die zarten Flügelwesen aber Sonnenanbeter sind, brauchen sie lichte Wälder oder Waldränder, in die genügend Sonne eindringt. Zu ihnen gehören neben vielen Nachtfaltern eine Reihe von Tagfaltern wie der **Kleine Eisvogel**, dessen schwarzbraune Flügeloberseite eine durchgehende weiße Fleckenbinde ziert, das **Tagpfauenauge,** das mit seiner herrlichen Flügelzeichnung Fressfeinde abschreckt, der seltene blaue **Schillerfalter** und der gelbe **Zitronenfalter**. Letzterer ist übrigens der Methusalem unter den Schmetterlingen: Er wird 9–11 Monate alt, was ihm kein anderer einheimischer Schmetterling nachmacht. Alle Schmetterlinge ernähren sich von Nektar, den sie mit ihrem langen Rüssel aus den Blüten saugen. Der Saugrüssel ist normalerweise aufgerollt und wird nur zum Nektar trinken ausgefahren. Viele Schmetterlinge haben sich auf eine bestimmte Futterpflanze spezialisiert, auf deren Blättern sie ihre Eier ablegen. Sobald die Raupen geschlüpft sind, können sie sich darüber hermachen. Nach mehreren Häutungen verwandelt sich die Raupe in eine Puppe und klebt sich an Pflanzenstängeln oder Zweigen fest. Etwa zwei Wochen später schlüpft daraus ein schöner Schmetterling, entfaltet seine Flügel und flattert davon.

Zitronenfalter

Steckbrief

- Vier Flügel, mit winzigen Schuppen bedeckt
- zwei Fühler, langer Rüssel

Schon gewusst? Weltweit gibt es etwa 180 000 verschiedene Schmetterlingsarten. Jährlich werden etwa 700 neue entdeckt.

Mistkäfer

Diesen kleinen Käfer findet man überall dort, wo andere Tiere ihre Kothaufen abgelegt haben: Die sind nämlich ihre Leibspeise. Die Fühler, mit denen die Käfer hervorragend riechen können, führen sie untrüglich zu ihrer Mahlzeit. Für den Nachwuchs gräbt das Käferweibchen mehrere tiefe Röhren und Kammern in den Waldboden oder auch vermoderndes Holz. Diese Kammern füllt es mit Kot und legt je ein Ei hinein, sodass sich die geschlüpften Engerlinge daran dick und fett fressen können.

Indem sie den Abfall anderer Tiere verwerten, sorgen die Mistfresser für Ordnung am Waldboden und dafür, dass gute neue Erde entsteht und zum Beispiel Stickstoff schneller wieder dem Boden zugeführt wird. So sind die unermüdlichen Resteverwerter zwar kleine, aber ausgesprochen nützliche Rädchen im Kreislauf der Natur.

Steckbrief

- Etwa zwei cm groß
- glänzend schwarzer, rundlicher Körper

Schon gewusst? Mistkäfer können auch fliegen – aber nur sehr schwerfällig.

Borkenkäfer

Jeder hat schon vom Borkenkäfer gehört, aber gesehen hat ihn noch kaum ein Waldbesucher. Das liegt zum einen an seiner Größe und zum anderen daran, dass er und seine Larven unter der Borke leben – daher auch der Name.

Viel bekannter als der Käfer selbst sind die Spuren und teilweise großen Schäden, die er an Bäumen hinterlässt. Sein Lebenszweck besteht darin, sich zu paaren und direkt unter der Rinde Gänge ins Holz zu fressen, in denen das Weibchen seine Eier ablegt. Am Muster der Fraßgänge erkennt man, welche Art hier zugange ist. Der Buchdrucker etwa heißt so, weil seine Fraßspuren an ein aufgeschlagenes Buch erinnern.

Steckbrief

- Nur 5 mm groß, dunkler, zylindrischer Körper
- Kopf häufig unter dem Halsschild verborgen, kurze Fühler, eingedellte Flügeldecken

Schon gewusst? Es gibt viele Arten von Borkenkäfern, die auf so hübsche Namen hören wie Buchdrucker, Kupferstecher, Großer und Kleiner Waldgärtner. Die Schäden, die sie verursachen, sind alles andere als hübsch und können ganze Wälder innerhalb kürzester Zeit schädigen.

Gartenkreuzspinne

Diese Spinne sieht man auch im Wald sehr häufig und fast noch öfter ihre großen Radnetze, die senkrecht zwischen Bäumen gespannt sind und 18 Zentimeter Durchmesser erreichen können. Während des Tages sitzt die Baumeisterin mit gespreizten Beinen in der Nabe ihres Netzes und lauert auf Beute; nachts hockt sie verborgen etwa in einem Riss in der Rinde. Hat sich ein armes Opfer in dem klebrigen Gespinst verfangen, spürt sie dies sofort durch den Signalfaden. Dann eilt sie herbei und spinnt den Leckerbissen ein. Später saugt sie ihn aus. Auf diese Art sorgt sie wie auch die anderen Spinnen im Wald dafür, dass Insekten und deren Larven nicht überhandnehmen. Sobald die Weibchen im Herbst an geschützter Stelle die Kokons mit den Eiern abgelegt haben, sterben sie. Im Mai darauf schlüpfen die kleinen Spinnen.

Weitere Spinnen mit Heimat Wald sind die schmale, lang gestreckte **Streckerspinne** mit extrem langen Beinen, die **Sechsaugenspinne**, die in Wohnröhren unter der Borke von Kiefern und Eichen haust, und die langbeinige **Weberspinne**, die in lichten Wäldern niedere Sträucher und Pflanzen mit feinen, dicht gewebten Gespinsten überzieht.

Steckbrief

- Weibchen bis 17 mm lang, Männchen bis 11 mm lang
- Hinterleib mit weißer Kreuzzeichnung auf gelbem bis braunem Grund

Schon gewusst? Die kräftigen dunkelbraunen Waldwolfsspinnen sind keine Netzbauer, die auf ihre Opfer warten – sie gehen selbst auf die Jagd. Ähnlich wie ihre Namensvettern schleichen sie sich an ihre Beute an, um dann blitzschnell darauf zu springen und sie zu packen.

GROSSE ROTE WEGSCHNECKE

Rote Wegschnecken kommen nachts oder nach Regengüssen hervor und kriechen auf der Suche nach Nahrung über den Waldboden. Sie fressen verrottende Pflanzenteile und Pilze, verschmähen aber auch Aas und Kot nicht, was sie zu überaus wichtigen Müllmännern des Waldes macht. Bei Trockenheit können die Nacktschnecken nur im Boden, in Steinspalten oder unter Stubben (Baumstümpfen) überleben, wo es feucht ist. Die Wegschnecke bewegt sich auf einer schleimigen Kriechsohle wellenförmig durch Zusammenziehen und Entspannen der Muskeln fort. Ihr Gelege mit bis zu 500 kugelförmigen Eiern legt sie unter Steinen, Moos und Ähnlichem ab.

Steckbrief

- Bis 15 cm lang, ohne Gehäuse, ein Atemloch vorne an der Seite, vier Fühler
- Haut orange, ziegelrot, braun oder schwarz mit Runzeln an Rücken und Seiten

*Schon gewusst? Neben Nacktschnecken leben im Wald auch Schnecken mit Haus, etwa die **Schließmundschnecke** mit ihrem länglichen Gehäuse, die häufig an Buchenstämmen hochkriecht, oder die **Schnirkelschnecke** mit einem kugeligen, oftmals spiralförmig gemusterten Gehäuse. Selbst die **Weinbergschnecke** mit ihrem dicken Kriechfuß lebt nicht nur zwischen Reben, sondern auch in lichten Wäldern.*

Assel

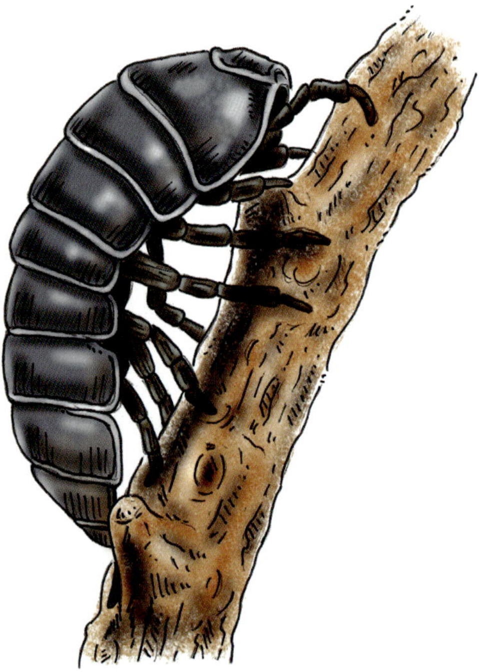

Wie der Name schon sagt, kann sich die weitverbreitete Rollassel oder Kugelassel bei Berührung oder Trockenheit zu einer Kugel einrollen, wodurch sie sich vor Feinden schützt und weniger Wasser verdunstet. Sie ist vor allem an trockenen, sonnigen Stellen am Waldrand unter der obersten Laubschicht oder unter Steinen zu finden und wagt sich im Gegensatz zur Mauerassel auch bei Tag ans Licht.
Die Mauerassel – nah mit der Kellerassel verwandt – braucht feuchtere Verhältnisse und fühlt sich unter feuchtem Laub oder in zerfallenden Stubben wohl. Zusammen mit vielen anderen Kleinlebewesen bilden Asseln eine effektive Müllabfuhr, die faulendes Laub und andere abgestorbene Pflanzenteile fressen und durch ihre Ausscheidungen in neue, mineral- und nährstoffreiche Erde verwandeln.

Steckbrief

- Rollassel: 12–15 mm lang, hoch aufgewölbter gepanzerter Körper, 7 Laufbeinpaare, Weibchen dunkelgrau, Männchen dunkelbraun mit hellen Flecken
- Mauerassel: bis 18 mm lang und 10,5 mm breit, ovaler, eher flacher gepanzerter Körper, leicht glänzend, graubraun mit hellen Flecken

Schon gewusst? Ihrer Herkunft nach hätten Asseln eigentlich gar nichts im Wald verloren. Es sind nämlich Krebstiere wie zum Beispiel Garnelen, die einen Panzer tragen und durch Kiemen und Behelfslungen an den Beinen atmen.

Zecke

Das unscheinbare Spinnentier wartet im hohen Gras oder Unterholz auf Säugetiere oder Menschen. Es lässt sich abstreifen und wandert dann zu einer verborgenen Hautstelle, etwa einer Hautfalte wie Achsel, Kniekehle oder der Kopfhaut. Dort bohrt es sich mit seinen Mundwerkzeugen in der Haut fest und saugt sich dann mit Blut voll, bis es dick und nicht mehr zu übersehen ist.

Steckbrief

- 2–4 mm groß (so groß wie eine Stecknadel)
- dunkelbrauner flacher Körper, acht Beine

Schon gewusst? Mit Zeckenstichen sollte nicht leichtfertig umgegangen werden. Die Tiere können unter anderem Lyme-Borreliose und FSME (Frühsommer-Meningoenzephalitis) übertragen (siehe auch Seite 205).

I.

Die Pflanzen des Waldes

Pflanzen lassen sich im Wald naturgemäß leichter beobachten und untersuchen als Tiere, denn sie können ja schließlich nicht flüchten oder sich verstecken. Trotzdem sind Bäume, Sträucher und kleine Blümchen alles andere als langweilig. So kann es für Kinder zum Beispiel ausgesprochen interessant sein, denselben Baum im Frühling, Sommer, Herbst und Winter anzuschauen. Sie lernen dabei eine Menge über die Zyklen der Natur und erkennen, dass auch Pflanzen Lebewesen sind, selbst wenn sie sich nicht von der Stelle bewegen können. Die folgenden Pflanzen sind in den artenreichen Mischwäldern der Niedersächsischen Landesforsten häufig zu finden.

Gemeine Fichte

Die Fichte oder Rotfichte wächst von Natur aus in den hohen Lagen des Harzes. Durch die Forstwirtschaft ist sie jedoch in ganz Niedersachsen auch in tieferen Lagen verbreitet. Unser höchster einheimischer Baum stellt wenig Ansprüche an Nährstoffe und Wärme, braucht aber als Flachwurzler viel Wasser und kann bis zu 600 Jahre alt werden. Borkenkäfer bevorzugen Fichten, wobei geschwächte Bäume in Reinbeständen besonders anfällig für die Schädlinge sind.

Steckbrief

- Wuchs: gerade, bis 50 m hoch, kegelförmig, spitz zulaufende Krone, schwache, hängende Äste
- Rinde: dünnschuppig, rötlich braun, mit zunehmendem Alter graubraun
- Blüten: aufrechte rotgelbe Kätzchen (männlich) und aufrechte rötliche Blütenzäpfchen (weiblich), Blütezeit April bis Mai
- Nadeln: harte, stechend spitze, dunkelgrüne Nadeln, spiralig um den ganzen Zweig angeordnet
- Zapfen: 10–16 cm lang, braun, herabhängend, fallen im Ganzen ab

Fichten sind neben Kiefern das klassische Holz für den Bau- und Konstruktionsbereich. Das helle, weiche und leichte Material wird unter anderem für Dachbalken, Fenster, Fußböden und Musikinstrumente verwendet. Nicht zu vergessen: Im Winter werden Fichten gern als Weihnachtsbäume ins Wohnzimmer geholt.

Schon gewusst? Die ätherischen Öle der Fichte haben eine nachgewiesen gesundheitsfördernde Wirkung. Fichtenöl wird daher beispielsweise zur Behandlung von Bronchitis und zur Förderung der Durchblutung eingesetzt.

Waldkiefer

Kiefern oder Föhren sind unempfindlich gegen Frost und Trockenheit und kommen auch mit extremen Standorten klar. Als wahre Überlebenskünstler sind die Tiefwurzler weit verbreitet; so wurde die Lüneburger Heide großräumig mit den anspruchslosen Bäumen aufgeforstet. Das tragfähige, weiche, gelbliche Holz mit rotbraunem Kern wird im Bau und als Möbelholz geschätzt; häufig wird es zu Massivholzmöbeln verarbeitet.

Steckbrief

- Wuchs: bis 40 m hoch, kegelförmige Krone, im Flachland schirmförmig abgerundet
- Rinde: in der unteren Hälfte dicke, graue oder rotbraune Schuppenborke, von tiefen schwärzlichen Furchen durchzogen
- Blüten: kleine würstchenartige gelbe Blüten (männlich) und aufrechte dunkelrote Blütenzäpfchen (weiblich), Blütezeit Mai
- Blätter: lange, steife, spitze, blau- bis graugrüne Nadeln, in sich gedreht, paarweise angeordnet
- Zapfen: 3–7 cm lang, graubraun, eiförmig, herabhängend, mit kurzem Stiel, als Ganzes abfallend

Schon gewusst? Früher hat man Kiefern geharzt, das heißt, man hat die Bäume künstlich verletzt, um dann das austretende Harz aufzufangen. Das daraus gewonnene Terpentin wurde unter anderem zur Herstellung von Lacken und Arzneimitteln verwendet.

Lärche

Die robuste Lärche trotzt Frost und Wind und wächst schnell, nur in puncto Sonne und Licht stellt sie höhere Ansprüche. Als einziger unserer Nadelbäume ist sie sommergrün, das heißt, die Nadeln färben sich im Herbst goldgelb und werden dann abgeworfen. Das feste Lärchenholz wird im Bau, auch Schiffs- und Brückenbau verwendet.

Schon gewusst? Auch aus der Lärche kann Terpentin gewonnen werden – es gilt als die beste Sorte.

Steckbrief

- Wuchs: 30–40 m hoch, schlank, gerader Stamm, regelmäßige Krone
- Rinde: graubraune, schuppige, tief gefurchte Borke
- Blüten: eiförmige gelbe Blüten (männlich) und aufrechte rote Blüten (weiblich)
- Blätter: weiche, biegsame, hellgrüne Nadeln, zu mehreren büschelweise an Kurztrieben stehend, Blütezeit März bis Mai
- Zapfen: hellbraun, eiförmig, aufrecht auf den Ästen sitzend, bleiben mehrere Jahre am Baum

Traubeneiche

Steckbrief

- Wuchs: bis 35 m hoch, langer, meist gerader Stamm, breite, regelmäßige Krone
- Rinde: dicke, graubraune Borke mit tiefen Längsrissen
- Blüten: hängende gelbgrüne Kätzchen (männlich), kleine Blütenbüschel (weiblich), Blütezeit Mai
- Blätter: elliptisch, buchtiger Rand mit 4–8 Lappen
- Früchte: kurz- oder ungestielte Fruchtstände mit 1–6 grünen, später braunen Eicheln in Fruchtbechern

Weil Eichen lange Pfahlwurzeln ausbilden und den Boden gut durchwurzeln, sind sie ausgesprochen kräftig und stabil und werden kaum durch Stürme umgeworfen. Sie können bis zu 1000 Jahre alt werden. Auch ihr Holz ist sehr fest und haltbar und zählt zu den wertvollsten Holzarten unserer Wälder. Man fertigt daraus hochwertige Furniere, Parkett und Möbel, aber auch Barrique- und Cognacfässer. Wegen der im Holz enthaltenen Gerbstoffe eignet es sich außerdem vorzüglich für den Außenbau.

Stieleiche

Aus der Rinde von Stieleichen stellte man früher Gerbsäure für die Lederverarbeitung her. Mit den Eicheln mästete man Schweine.

Steckbrief

- Wuchs: bis 40 m hoch, kurzer, oft knorriger Stamm in Äste aufgelöst, unregelmäßige, breite Krone
- Rinde: wie Traubeneiche
- Blüten: hängende gelbgrüne Kätzchen (männlich), kleine Blütenähren (weiblich), Blütezeit Mai bis Juni
- Blätter: eiförmig, buchtiger Rand mit 3–6 rundlichen Lappen, kürzer als bei der Traubeneiche
- Früchte: lang gestielte (daher der Name) Fruchtstände mit 3–5 grünen, später braunen Eicheln in Fruchtbechern

Schon gewusst? Den alten Germanen galt die Eiche als heilig. Die berühmteste heilige Eiche war dem Gewitter- und Kriegsgott Donar bzw. Thor geweiht und stand in Geismar in Hessen. Unter dieser Donareiche wurden Gerichtsverhandlungen und religiöse Zeremonien abgehalten. Später, im Zuge der Christianisierung, wurden in päpstlichem Auftrag viele heilige Eichen gefällt. Man wollte damit auch beweisen, dass die Kirche keine Angst vor dem heidnischen Gott hatte.

BUCHE

Die stattlichen Rotbuchen mögen feuchte Standorte und reagieren empfindlich auf Hitze, Dürre und Frost. In der Forstwirtschaft werden Buchen sehr geschätzt, weil sie selten von Schädlingen befallen werden. Das von Natur aus weiße Holz ist sehr hart und findet sich häufig im Haus in Form von Parkett oder Möbeln. Außerdem eignet es sich als Brennholz und wird zu Papier verarbeitet. Früher wurde aus Buchenholz auch Holzkohle und Pottasche zur Glasproduktion hergestellt. Aus den Bucheckern kann ein wertvolles Speiseöl gepresst werden. Die Ernte ist allerdings aufwendig – die Früchte müssen mühsam aufgelesen werden – und der Ölgehalt der einzelnen Frucht gering. Da es viel Linolsäure enthält, ist das nussig herbe Öl nicht zum Braten geeignet. Man verwendet es daher kalt, etwa in einer Salatsauce.

Steckbrief

- Wuchs: bis 40 m hoch, freistehend mit ausladender Krone, im Wald säulenförmig mit schmaler Krone
- Rinde: silbergrau, glatt, kaum Borkenbildung
- Blüten: rötliche hängende Kätzchen (männlich) und kleine aufrechte rötliche Blüten (weiblich), Blütezeit April bis Mai
- Blätter: länglich elliptisch bis eiförmig, spitz, welliger Rand
- Früchte: braune, dreikantige Bucheckern, meist paarweise in einem stacheligen Fruchtbecher

Schon gewusst? Die Wipfel der Buchen ergeben ein so dichtes Blätterdach, dass kaum Sonnenstrahlen auf den Boden dringen. Deshalb wachsen unter Buchen nur sehr wenige Kräuter oder Sträucher. Lediglich Frühjahrsblümchen können hier bestehen: Sie erblühen, solange der Baum noch unbelaubt ist.

BIRKE

Die Sand- oder Hängebirke wächst sehr schnell und bevorzugt lichte Laub- und Nadelwälder, Lichtungen, Moore und Heiden. Sie verträgt Frost und saure, auch sandige Böden wie in der Lüneburger Heide und ist auch sonst recht anspruchslos. Ihre winzigen Samennüsschen sind so leicht, dass sie mit dem Wind davongetragen werden.

Steckbrief

- Wuchs: bis 30 m hoch, langer, schlanker Stamm, ovale Krone, dünne Äste mit überhängenden Spitzen
- Rinde: silbrig weiß, glatt, löst sich in papierartigen Streifen, später schwärzliche, rissige Borke
- Blüten: hängende braungelbe Kätzchen (männlich) und aufrechte grüne Kätzchen, Blütezeit April bis Mai
- Blätter: rundlich bis dreieckig, zugespitzt mit fein gesägtem Rand, junge Blätter klebrig
- Früchte: kleine geflügelte Nüsschen in braunen Zäpfchen

Das gelblich weiße, biegsame Birkenholz wird zum Bau von Möbeln und Musikinstrumenten, aber auch als Brennholz verwendet. Aus der sehr belastbaren Birkenrinde bauten die Indianer früher Kanus.

Schon gewusst? Birkensaft ist auch bekannt als Bestandteil von Haarwasser und Birkenchampagner. Die Blätter enthalten Gerbstoffe, harntreibende Stoffe und ätherische Öle und finden in der Volksmedizin als Aufguss unter anderem zur Blutreinigung und bei Gicht Verwendung.

HAINBUCHE

Anders als der Name vermuten lässt, ist die Hainbuche (auch Weißbuche genannt) nicht mit der Buche, sondern mit der Birke verwandt. Sie wächst am liebsten im Halbschatten von Eichen. Dass sich die Wurzeln der beiden Bäume nicht ins Gehege kommen, ist der Tatsache zu verdanken, dass die Hainbuche flache, die Eiche tiefe Wurzeln austreibt. Die Blätter der Hainbuche vertrocknen zwar im Herbst, fallen aber erst ausgangs des Winters ab.

Steckbrief

- Wuchs: 25–30 m hoch, dicht verzweigt, aufrechter Stamm mit breiter, vielästiger Krone
- Rinde: silber- bis dunkelgrau, wellig
- Blüten: gelbgrüne hängende Kätzchen (männlich) und grüne Kätzchen (weiblich), Blütezeit Mai bis Juni
- Blätter: länglich eiförmig, wellblechartig geriffelt und gesägt, zugespitzt
- Früchte: kleine, flache, von einem dreilappigen Flügel umschlossene Nüsschen in hängenden Fruchtständen, in Trauben hängend

Das sehr harte Holz verarbeitete man früher zu Mühlrädern und Hackklötzen. Heute macht man daraus Werkzeugstiele und Holzwerkzeuge.

Schon gewusst? Die Hainbuchen zählen zur Unterfamilie der Haselnussgewächse.

Gemeine Esche

Die Esche hält den Höhenrekord unter den einheimischen Laubbäumen und fühlt sich in feuchten Laubmischwäldern in Gemeinschaft mit Ahorn, Hainbuche, Eiche und Buche sowie an Flüssen und Bächen wohl. Die Blüten werden vom Wind bestäubt und die Samen vom Wind weggetragen. Weil das Laub erst sehr spät austreibt, können sich am Boden unter den Bäumen vielerlei Kräuter behaupten. Da sich ihre Streu zudem gut zersetzt, helfen sie den Boden in wertvollen Humus zu verwandeln. Das feste, elastische Holz kommt für Ruder, Sportgeräte oder Werkzeuggriffe zum Einsatz und wird auch als Parkett verlegt. Bis ins Mittelalter hinein fertigte man daraus Lanzen, Speere und Jagdspieße.

Steckbrief

- Wuchs: bis 45 m, gerader Stamm, runde Krone
- Rinde: graubraun bis braunschwarz, rissig
- Blüten: unauffällige Blütenrispen, Blütezeit April bis Mai
- Blätter: 20–30 cm lang, aus 9–13 spitzen Fiederblättchen zusammengesetzt, verfärbt sich im Herbst nicht
- Früchte: braune geflügelte Nüsschen (Drehschraubenflieger), in Büscheln herunterhängend, oft auch noch über Winter am Baum

Schon gewusst? In der germanischen Mythologie war die Esche der Weltenbaum Yggdrasil, der als Sinnbild für die gesamte Schöpfung Himmel, Mittelwelt und Unterwelt verbindet. Die Kelten glaubten, dass die Esche vor den zerstörerischen Kräften des Wassers schützt. Deshalb verbauten sie in ihren Booten immer auch etwas Eschenholz, um sie vor dem Kentern zu bewahren.

Eberesche

Dieser robuste Laubbaum wächst bevorzugt an den lichten Rändern unserer Wälder. Er heißt auch Drosselbeere oder Vogelbeere, weil seine Früchte die Leibspeise vieler Vogelarten sind. Diese bedanken sich für die köstliche Mahlzeit auf ihre Art: Sie scheiden die Samen unverdaut mit ihrem Kot wieder aus und sorgen so dafür, dass sich der Baum vermehrt.
Früher wurde manchen Vögeln diese Vorliebe für die roten Früchtchen zum Verhängnis: Man setzte die Beeren gezielt als Lockmittel im Vogelfang ein. Darauf deutet auch der lateinische Name Sorbus aucuparia hin: aucuparia kommt von avis capere = Vögel fangen.
Auch Füchse, Dachse und Nagetiere sind den Beeren zugetan. Für Menschen sind die Beeren zwar ungiftig, aber wegen ihres bitteren Geschmacks nicht gerade ein kulinarisches Highlight.

Steckbrief

- Wuchs: bis 15 m hoher, zierlicher Baum oder Strauch, häufig mehrstämmig
- Rinde: hellgrau, glatt und glänzend, erst in hohem Alter rissige, schwärzliche Borke
- Blüten: große wollweiße Blütendolden mit süßlichem Duft, Blütezeit Mai bis Juni
- Blätter: bis 20 cm lange gefiederte Blätter
- Früchte: erbsengroße, kugelrunde, korallenrote „Vogelbeeren"

Schon gewusst? Mit der männlichen Sau, dem Eber, hat die Eberesche nichts zu tun. Der ursprüngliche Name „Aberesche" weist sie vielmehr als unechte Esche aus. Tatsächlich zählt der Baum zu den Rosengewächsen.

WEISSDORN

Das undurchdringliche dornige Dickicht eines Weißdornstrauches ist das ideale Plätzchen für nistende Vögel wie Zaunkönig oder Zilpzalp

sowie für eine Vielzahl von Kleintieren, die hier Schutz und Deckung und einen reich gedeckten Tisch finden. Die Heilkraft des Weißdorns ist lange bekannt; seine Wirkstoffe kräftigen das Herz, und das ohne unerwünschte Nebenwirkungen.

Steckbrief

- Wuchs: 3–8 m hoher sommergrüner Strauch bzw. kleiner Baum, dicht verzweigt und dornig
- Blüten: weiß, üppig in Dolden wachsend und mit intensivem Duft, Blütezeit Mai bis Juni
- Blätter: spitz gelappt, tief gebuchtet
- Früchte: scharlachrot, etwa erbsengroß, essbar

Schon gewusst? Die Fruchtkerne des Weißdorns hat man im Zweiten Weltkrieg geröstet und daraus Ersatzkaffee zubereitet.

Himbeere

Steckbrief

- Wuchs: 50–120 cm großer Strauch mit aufrechten oder gebogenen Stängeln, leicht stachelig
- Blüten: weiße, nickende Rispen, Blütezeit Mai bis Juni
- Blätter: hellgrün gefiedert, Unterseite weißfilzig
- Früchte: kleine, süße Sammelfrüchte

Brombeere

Steckbrief

- Wuchs: 1–2 m hoher, stacheliger Strauch, Stängel meist bogig überhängend
- Blüten: hellrosa oder weiße Blüten, Blütezeit Juni bis August
- Blätter: gefingert
- Früchte: schwarze oder schwarzrote säuerliche Sammelfrüchte

Himbeeren und Brombeeren sind Rosengewächse. Die Blätter enthalten Gerbstoffe und helfen als Tee aufgegossen bei leichten Durchfällen sowie zum Gurgeln bei Entzündungen in Mund und Rachen. Die Früchte sind Vitamin-C-haltig.

Schon gewusst? Aus Himbeeren und Brombeeren, kann man selber köstliche Waldbeermarmelade herstellen.

Heidelbeere

Heidel- oder Blaubeeren wachsen bevorzugt auf kargen, sauren Böden in Kiefernwäldern oder Heiden (daher der Name).

Steckbrief

- Wuchs: 15–30 cm hoher Zwergstrauch mit grünen, kantigen Zweigen
- Blüten: rote kugelige „Glöckchen", Blütezeit Mai bis Juni
- Blätter: klein, eiförmig und fein gezähnt
- Früchte: dunkelblaue süße Beeren

Aus den leckeren Früchtchen wird, sofern sie nicht sofort von der Hand in den Mund wandern, traditionell Kompott und Marmelade gekocht.

Schon gewusst? In der Volksheilkunde sind die getrockneten Beeren ein bekanntes Mittel gegen Durchfall.

Adlerfarn und Wurmfarn

Adlerfarn

Wurmfarn

Der anspruchslose Adlerfarn (unser größter heimischer Farn) breitet sich nach Waldbränden in großem Stil aus und nimmt durch seinen Schattenwurf Jungbäumen die Möglichkeit, sich zu entwickeln. Der Wurmfarn heißt so, weil man ihn früher gegen Bandwürmer verabreichte. Außer diesen beiden Farnen findet man noch viele andere Farne in allen Größen in unseren Wäldern, etwa den glänzend grünen Rippenfarn, die ledrige Hirschzunge, den weich behaarten Buchenfarn und den nach Lakritze duftenden Tüpfelfarn.

Steckbrief

- Wuchs: Adlerfarn 50–200 cm, Wurmfarn 50–100 cm hoch
- Blätter: Adlerfarn hellgrüne, fast dreieckige, 3–4-fach gefiederte Wedel, die an Adlerschwingen erinnern; Wurmfarn dunkelgrüne, doppelt gefiederte Wedel, in Rosetten angeordnet
- Standort: Adlerfarn lichte, trockene Kiefernwälder und Eichenhaine, Wurmfarn schattige, feuchte Wälder

Schon gewusst? Farne haben keine Blüten, sondern bilden zur Fortpflanzung Sporen aus. Die winzigen schwarzen Körnchen sitzen in Kapseln an der Unterseite des Farnwedels. Wenn diese Sporen auf den Waldboden fallen, keimen sie aus und es wachsen neue Farne heran.

Buschwindröschen

Die typische, in unseren Laub- und Mischwäldern am stärksten vertretene Waldblume hat einen großen Lichthunger. Noch bevor die Bäume ausschlagen, bildet sie auf dem Waldboden flächendeckend weiße Blütenteppiche. Sie kann so schnell austreiben, weil sie ihre Nährstoffe im Vorjahr in ihrem Wurzelstock gespeichert hat. An Regentagen senkt das Buschwindröschen seine Blütenköpfchen und in der Nacht schließt es sie, um den Blütenstaub zu schützen. Der macht die Blüten zur begehrten Anlaufstelle für Insekten und Käfer.

Steckbrief

- Wuchs: 15–25 cm hoher Frühblüher
- Blüten: einzelne, 2–4 cm große, leuchtend weiße Blüten, oft rosa überhaucht, mit sechs Blütenblättern, Blütezeit März bis April
- Blätter: handförmig geteilt mit gesägtem Blattrand

Schon gewusst? Die Samen des Buschwindröschens werden durch Ameisen verbreitet.

Scharbockskraut

„Scharbock" ist eine alte volkstümliche Bezeichnung für die Vitamin-C-Mangelerkrankung Skorbut.

Zu seinem Namen kam der Frühblüher, weil man früher die frischen Blätter aß, um Skorbut zu bekämpfen.

Tatsächlich enthalten sie große Mengen des Vitamins – freilich aber auch den Giftstoff Protoanemonin, der nach der Blüte vermehrt enthalten ist und Übelkeit, Erbrechen und Durchfall auslösen kann. Also bitte nicht essen!

Steckbrief

- Wuchs: 5–15 cm hohes Kraut, das sich in großen Teppichen ausbreitet
- Blüten: 2–3 cm große, leuchtend gelbe, glänzende Blüten, Blütezeit März bis Mai
- Blätter: rund bis herzförmig, glänzend und fleischig

Schon gewusst? Auch die Samen des Scharbockskrauts werden durch Ameisen verbreitet.

Hohe Wald-Schlüsselblume

Die Schlüsselblume ist ein Frühblüher, der feuchten, lockeren Boden mag und häufig in Eichen-Hainbuchen-Wäldern zu finden ist. Der lang gestielte Blütenstand erinnert an einen Schlüsselbart. Ihr anderer Name Primel dagegen kommt von lateinisch primus (der Erste) und ist ein Hinweis darauf, dass diese Blume zu den ersten im Wald gehört, die ihre Blüten im zeitigen Frühjahr öffnen.

Steckbrief

- Wuchs: 15–30 cm hohe krautige Pflanze
- Blüten: blassgelbe Blüten, 5–20 an jedem Stängel, Blütezeit März bis Mai
- Blätter: länglich bis eiförmig, runzelig, Unterseite flaumig behaart, in Rosetten zusammenstehend

Schon gewusst? Da sich der Nektar tief unten in der Blütenröhre befindet, dient die Schlüsselblume vor allem langrüsseligen Insekten wie Schmetterlingen oder Hummeln als Futterpflanze. Es kommt jedoch auch vor, dass Bienen die Kronröhre aufbeißen, um so an den Nektar zu gelangen.

Löwenzahn

Für kaum eine Blume kennt der Volksmund mehr Namen als für den Löwenzahn. Und fast alle sprechen für sich: zum Beispiel Kuhblume, Bettnässer, Pissblume, Hundsblume oder Pusteblume. „Löwenzahn" steht für die scharf gezackten grünen Blätter, „Bettnässer" oder „Pissblume" verweisen auf seine entwässernde Wirkung. Und „Pusteblume" kommt daher, dass seine Samen an einer Art haarigem Fallschirm sitzen, der mit dem Wind verbreitet wird. Kinder lieben es, kräftig hineinzupusten und den vielen kleinen Schirmchen hinterherzuschauen. Es gibt fast keinen Lebensraum, an dem Löwenzahn nicht zu finden ist, auch lichtdurchflutete Wälder besiedelt er. Aus dem Stängel tritt ein weißer Milchsaft, der einen leicht giftigen Bitterstoff enthält. Löwenzahn ist ein Anpasser, wie er im Buche steht. So schießt er je nach Standort und Verhältnissen mal in die Höhe, wenn er nicht von anderen Pflanzen überwachsen werden will, und mal kraucht er auf Wegen am Boden, um nicht zertreten zu werden. Das leuchtende Gelb seiner Blüten lockt Wespen, Bienen und viele andere Insekten an, die dann wunschgemäß die Blüten bestäuben. Zum Dank dafür bekommen die Bienen süßen Nektar, aus dem sie Honig gewinnen.

Steckbrief

- Wuchs: 10–50 cm hohe krautige Pflanze mit blattlosem Stängel
- Blüten: viele leuchtend gelbe Blüten in einem einzelnen, 2–5 cm großen Blütenkörbchen, Blütezeit April bis Juni
- Blätter: als Rosette angeordnet

Schon gewusst? Zarte, junge Löwenzahnblätter eignen sich hervorragend als Zugabe in einen Salat. Nach dem Zweiten Weltkrieg brühte man mit der getrockneten Pfahlwurzel Ersatzkaffee auf.

Spuren der Waldarbeit

Lokomotivführer oder Feuerwehrmann wollen alle kleinen Jungs mal werden. Dass der Beruf des Försters oder Forstwirts mindestens genauso spannend sein kann, erfährt der Nachwuchs auf einem Streifzug durch den Wald, bei dem die Kleinen gezielt nach allem Ausschau halten, was darauf hinweist, dass im Wald gearbeitet wird. Förster & Co. haben an ihrem luftigen grünen Arbeitsplatz ausgesprochen vielseitige Aufgaben zu erfüllen: Sie pflanzen Bäume und ernten den tollen Rohstoff Holz, schützen den Wald vor Schädlingen und tierischen Leckermäulern und sorgen dafür, dass das Ökosystem Wald in all seinen wichtigen Funktionen erhalten bleibt.

Nutzholz am Wegesrand

Rechts und links von geschotterten Waldwegen sind sie manchmal aufgereiht wie Perlen an einer Schnur: die sogenannten **Holzpolter**. Das sind Stapel von Baumstämmen, die in lange Stücke gesägt und aufeinandergeschichtet wurden. Gefällt werden die Bäume entweder von Hand mit der Motorsäge oder mithilfe von Baumfällmaschinen. Wenn die Kinder die Stämme eines Polters einmal genauer unter die Lupe nehmen, können sie verschiedene Dinge beobachten. Zunächst werden sie vielleicht feststellen, dass in einem Stapel häufig nur Stämme ein und derselben Holzart aufeinandergetürmt sind. Das liegt daran, dass sie alle den gleichen Verwendungszweck haben.

Außerdem entdecken sie, dass in jedes einzelne Baumstück ein Plättchen mit einer Nummer eingeschlagen ist. Anhand dieser Nummer lässt sich sein Weg bis ins Sägewerk nachvollziehen. Handelt es sich um wertvolles Holz, haben die **Nummerierplättchen** noch eine weitere Funktion: Dann messen die Waldarbeiter die Länge und den Durchmesser des jeweiligen Baumabschnitts aus und speichern diese Maße für die entsprechende Nummer in einem kleinen Computer. Mit diesen Daten können genau die Holzmengen berechnet und zusammengestellt werden, die die Sägewerke bestellt haben. Später fahren dann große Lkw vor, laden das bereitgestellte Holz auf und transportieren es direkt ins Sägewerk.

An Buchenholzpoltern, vor allem an dicken und wertvollen Stämmen, geben seltsame **S-förmige Haken** aus Metall oder Kunststoff, die in der Mitte der beiden Schnittflächen ins Holz eingeschlagen sind, den Kindern zunächst ein Rätsel auf. Auch für dieses „Baumpiercing" gibt es eine Erklärung: Es soll verhindern, dass das geschlagene Holz reißt oder splittert und so an Wert verliert.

„Piercings" an Buchenstämmen sollen verhindern, dass das geschlagene Holz reißt oder splittert.

Nicht nur Baumstämme warten am Wegesrand auf den Abtransport, sondern auch Stapel von kleineren, nur etwa einen Meter langen Holzstücken. Ihren Zweck erraten die Kinder schnell: Sie werden später nicht verbaut, sondern als Brennholz verheizt. Das Holz wird in so kleine Stücke zersägt und gespalten, damit es zum Haufen gestapelt gut trocknen und lagern kann. Außerdem lässt es sich so besser tragen. Nachdem der Förster den **Brennholzstapel** vermessen hat, kann er den Preis dafür berechnen. Die Kunden können sich im Winter am gemütlichen Kaminfeuer erfreuen. Insgesamt werden im Landeswald in einem Jahr etwa zwei Millionen Kubikmeter Holz geerntet, das an die Bau- und Möbelindustrie, Sägewerke, Papierhersteller, das Holzhandwerk sowie an Heizkraftwerke verkauft wird, die daraus Pellets machen. Die besten Stämme werden versteigert.

Schneisen für die Forstmaschinen

Um die gefällten Bäume zu den großen Abfuhrwegen bringen zu können – der Förster nennt das „rücken" –, müssen im Wald kleinere Schneisen angelegt werden: die **Rückegassen und Rückewege**. Sie werden normalerweise in einem Abstand von 20 Metern freigeschlagen bzw. freigesägt. Nur auf diesen Gassen und Wegen dürfen die Forstmaschinen den Wald befahren, um Bäume zu fällen und diese anschließend zum nächsten festen, geschotterten Abfuhrweg zu transportieren. Der Boden in den Waldstücken zwischen diesem Wegenetz bleibt für die Fahrzeuge tabu; so werden die unzähligen nützlichen Bewohner des Waldbodens geschützt und können auch die Pflanzenwurzeln ungestört wachsen. Dass manche Wege und Gassen vor Kurzem befahren wurden, erkennt man häufig an den Fahrspuren, die die schweren Forstmaschinen hinterlassen. Weil sich die Spuren auf feuchtem Boden besonders tief eingraben, werden die Rückewege bei Regen möglichst nicht befahren. Manchmal bekommt man die Maschinen auch zu Gesicht: sogenannte Harvester, mit deren Hilfe die Bäume gefällt werden, oder Transportfahrzeuge wie Schlepper mit Seilwinde sowie Forwarder, also Rückefahrzeuge mit Kran und Ladefläche.

Bäume am Boden

Wenn die Forstwirte die Äste und Kronen abgesägt haben, bleiben **gefällte Bäume** so lange im Wald liegen, bis sie von den Holztransportmaschinen zum Abfuhrweg gezogen werden. Bei vielen anderen Bäumen indessen, die man im Wald liegen sieht, war die Natur am Werk. Denn durch heftige Stürme und den gewaltigen Druck von Schneemassen können Bäume regelrecht umfallen oder wie Streichhölzer abknicken.

Werden Bäume vom Wind umgeweht oder von der Last des Schnees umgedrückt, spricht der Fachmann von **Windwurf** oder **Schneebruch**. Dabei wird der Baum meist samt Wurzeln aus der Erde gerissen, ohne dass der Stamm bricht. So ein Stamm mit Wurzelteller sieht dann aus wie der Fuß eines liegenden Weinglases. Fichten haben einen auffallend großen Wurzelteller. Ihre Wurzeln wachsen nämlich nicht tief in den Erdboden hinunter, sondern breiten sich in nassen und festen Böden dicht unter der Oberfläche flach aus. Diese flachen Wurzeln sind auch der Grund dafür, dass Fichten anders als Buchen oder Eichen besonders häufig gewor-

fen werden. Und je feuchter der Boden, desto leichter fallen sie um.

Das Gegenstück zum Windwurf ist der **Windbruch**. Gebrochene Bäume erkennt man daran, dass die Wurzel noch fest im Boden steckt, während der Stamm darüber abgebrochen ist.

Auch bei einem gefällten Baum bleibt ein Teil in der Erde zurück: der **Stuken** oder **Stubben**. Die Kinder können nach verschiedenen Baumstümpfen Ausschau halten und ermitteln, ob ein Baum durch Windbruch zu Fall kam, von einem Harvester gefällt wurde oder von einem Forstwirt mit der Motorsäge. Der gebrochene Baum ist leicht an der unregelmäßigen Bruchstelle zu erkennen. Eindeutiges Indiz für die Maschine ist die glatte Schnittfläche. Hat der Stuken dagegen eine kleine treppenförmige Bruchstufe, dann waren Menschen am Werk. Die Stufe ist durch einen sogenannten Fallkerb entstanden. Das ist ein dreieckiges Stück, das zu Beginn aus dem Baum herausgesägt wird und mit dem man festlegt, in welche Richtung der Baum fallen soll. Wird der Stamm anschließend von der anderen Seite her durchgesägt, lässt man ein kleines Stück als Bruchleiste stehen.

Flächen mit umgestürzten Bäumen (Windwurf, Windbruch) bitte nicht betreten, da dies sehr gefährlich ist.

Aufgabe für kleine Spürnasen: Wurde der Baum vom Wind gebrochen, von einer Erntemaschine gefällt oder mit der Motorsäge abgesägt?

Stillgestanden: zarte Pflänzchen in Reih und Glied

Das Leben der Pflanzen unterliegt auch im Lebensraum Wald einem ständigen Werden und Vergehen. Während die einen sterben, wachsen woanders schon wieder neue hoffnungsvolle Pflänzchen nach. Nach heftigen Stürmen, die auf großen Flächen Bäume entwurzelt oder umgeworfen haben, pflanzen die Forstbetriebe auf den freigewordenen Stellen die neue Waldgeneration – sofern sich nicht schon vorher aus den Samen der Altbäume kleine Nachkommen heranwachsen. Früher entstanden solche Freiflächen auch durch Kahlschlag, aber diese Methode kommt heute kaum noch zum Einsatz. Eine von Menschenhand angelegte Baumpflanzung erkennt man sofort daran, dass die kleinen Bäumchen in Reih und Glied stehen wie Rekruten beim Appell. Die **Reihenpflanzung** garantiert, dass die Nachkommen gleichmäßig auf der Freifläche verteilt sind, und erleichtert die Pflege. Diese Reihen sind selbst nach 150 Jahren noch zu erkennen. Welche Baumart neu gepflanzt wird, wird nach ökologischen Gesichtspunkten entschieden.

Die häufigste Form der Nachwuchsförderung im Wald ist jedoch die sogenannte **Naturverjüngung**. Hier übernimmt die Natur die mühevolle Arbeit des Aussäens und Pflanzens. Man nützt den natürlichen Samenabfall der Bäume, und die Samen keimen dort, wo sie günstige Bedingungen finden: nährstoffreichen, nackten Boden und ausreichend Feuchtigkeit.

Schutz vor gefräßigen Tieren

Würde man die neu gepflanzten Bäumchen sich selbst überlassen, wäre davon bald nicht mehr viel übrig, denn für Pflanzenfresser wie Rehe, Damwild, Rotwild und manchmal auch Hasen ist das zarte junge Grün ein wahrer Leckerbissen. Vor allem im Winter stellen die Knospen eine begehrte, nahrhafte Mahlzeit dar. Sind in der Nähe der Pflanzung nicht großflächig weitere Jungbäume im Angebot, ist der Appetit auf diese frische Nahrung besonders groß. Um neue Anpflanzungen vor Verbiss zu bewahren, werden sie deshalb durch Zäune geschützt. Bei einer ein Hektar großen Eichenanpflanzung, die von Buchen und Fichtenwald umgeben ist, ist der Zaun ein absolutes Muss. Eine Waldverjüngung ohne Zaun, die natürlich erheblich billiger ist, kann dagegen nur gelingen, wenn es nicht zu viel Wild gibt. Das heißt, das Wild muss erfolgreich gejagt werden.

> Für Rehe und Hirsche sind die Knospen und das zarte junge Grün von neu gepflanzten Bäumchen wahre Leckerbissen.

Einzelne Jungbäume werden manchmal zur Abwehr von Fegeschäden

durch den Rehbock durch Plastik- oder Metallteile geschützt, manchmal auch durch dünne Bambusstäbe.

Farbige Papier- oder Faserbänder an geraden, schlanken, oftmals astlosen Bäumen kennzeichnen einen sogenannten Zukunftsbaum. Ein solcher hat eine exzellente Qualität und ist daher wertvoll, weil er später gut verkauft werden kann, um hochwertige Möbel daraus herzustellen. Deshalb werden Zukunftsbäume besonders gefördert und geschützt und sämtliche Konkurrenten in ihrem Umkreis entfernt.

Farbmarkierungen an den Bäumen haben eine andere Funktion. Weiße Markierungen kennzeichnen in der Regel die Rückewege bzw. Rückegassen. Mit bunter Sprühfarbe zeichnet der Förster dagegen die Bäume aus, die mit Motorsäge oder Forstmaschine geerntet werden sollen. Das Stündlein von Bäumen schlägt, wenn sie alt und dick genug sind oder wenn der besser gewachsene Baumnachbar dann mehr Licht bekommt und sich stabiler entwickeln kann.

Bauwagen und Hochsitze

Was hat ein Bauwagen mitten im Wald zu suchen? Schließlich brauchen Rehe und die anderen Waldtiere keine Häuser. Dafür aber die Forstarbeiter eine fahrbare Schutzhütte in der Nähe ihrer Arbeitsstellen. Hier können sie einfaches Arbeitsgerät verstauen und ihre Frühstücks- und Mittagspausen verbringen. Ist das Wetter anhaltend schlecht, können sich die Männer hierher ins Trockene flüchten.

Eng mit den Förstern arbeiten die Jäger zusammen. Für sie sind die Hochsitze da, die man immer wieder im Wald sieht. Frühstücken kann der Jäger darin zwar auch, aber in erster Linie sind Hochsitze unentbehrlich für eine erfolgreiche Jagd, denn von oben hat er eine wesentlich bessere Übersicht und ein gutes Schussfeld. Er kann nach dem Wild Ausschau halten, ohne selbst so schnell von den Tieren wahrgenommen zu werden. Die Kugel aus seinem Gewehr landet übrigens immer im Boden, egal ob der Jäger trifft oder nicht, weil er von oben nach unten schießt. Der Boden dient somit als Kugelfang, sodass Menschen beim Schuss nicht gefährdet werden.

Dufte: Lockstofffallen für kleine Käfer

Am Rand von Fichtenwäldern sieht man manchmal im Abstand von mindestens 20 Metern seltsame schwarze Plastikkästen mit Schlitzen. Was das wohl ist? Hier ist die Fantasie der Kinder gefragt. Vielleicht Briefkästen für die Bewohner des Hochhauses Wald? Falsch, es sind Fallen für den gefürchteten Borkenkäfer. Im Innern hängen Beutel mit Lockstoffen, die dem nur fünf Millimeter großen Winzling, dem schlimmsten Feind unserer Fichtenwälder (siehe Seite 53), zum Verhängnis werden. Normalerweise setzen Borkenkäfer genau diesen Duftstoff frei, wenn sie sich in Fichtenholz einbohren, und signalisieren damit ihren Artgenossen, dass es hier einen Baum zu besiedeln gibt. Magisch angezogen von dem verführerischen Duft fliegen die Schädlinge in die Falle und plumpsen in den Auffangbehälter, aus dem sie nicht mehr herauskommen.

> Was aussieht wie Briefkästen für die Bewohner des Hochhauses Wald, sind in Wirklichkeit Fallen für den gefürchteten Borkenkäfer.

Manchmal entdeckt man einen großen Haufen aus frischen, dünnen, etwa anderthalb Meter langen Fichtenstämmen. Dabei handelt es sich um eine noch wirkungsvollere Methode, der Borkenkäferplage beizukommen. Die Krabbeltiere werden auch hier von Duftstoffen angelockt. Da die **Fanghaufen** jedoch ebenfalls mit einem für Menschen unschädlichen Gift besprüht sind, sterben die Käfer etwa 15 Minuten nachdem sie begonnen haben, sich in die Rinde einzubohren. So wird verhindert, dass sie die stehenden Bäume befallen.
Dass die Borkenkäferfallen am Rand der Fichtenbestände errichtet werden, liegt daran, dass die Bäume hier vermehrt Wind und Sonne ausgesetzt und dadurch geschwächt sind.

Richtiges Verhalten im Wald

Große und kleine Wanderer und Fährtensucher sind in den Niedersächsischen Landesforsten stets sehr willkommen. Gerade kleinen Kindern gilt es aber zu vermitteln, dass wir Rücksicht auf die tierischen und pflanzlichen Bewohner des Waldes nehmen und uns an ein paar Regeln halten müssen:

- Keine Tiere verletzen, töten oder mit nach Hause nehmen. Tiere sind keine Spielzeuge.
- Gefangene Insekten, die man beobachten möchte, nach spätestens 15 Minuten wieder freilassen.
- Keine Tierjungen, zum Beispiel Rehkitze, berühren. Sonst kann es passieren, dass die Mutter ihr Junges nicht mehr annimmt.
- Keine Eier aus Nestern nehmen.
- Keine Pflanzen zertreten oder ausgraben, Zweige abbrechen oder Baumstämme anritzen.
- Keine Pflanzen mit nach Hause nehmen, die unter Naturschutz stehen.
- Kein Feuer machen. Nur auf ausgewiesenen Plätzen grillen.
- Sämtliche Abfälle und Müll mit nach Hause nehmen.
- Hunde beaufsichtigen, vom 1. April bis 15. Juli (die Zeit in der die Jungtiere geboren werden) anleinen.
- Im Naturschutzgebiet die Anweisungen und Verbotsschilder beachten und die Rückzugsgebiete der Tiere respektieren. Keine Vögel beim Brüten stören.

Bitte beachten: Schilder, Schranken, Wegmarkierungen

Der Wald ist die Heimat von Tieren und Pflanzen und ein Ort der Stille, in dem außer notwendigen Forstarbeiten nichts die Ruhe der Natur stört. Außer den Fahrzeugen der Forstarbeiter müssen deshalb alle privaten Fahrzeuge, vom Auto über Motorrad, Quad und Mofa, draußen bleiben. Auf dieses Fahrverbot weisen Schilder und Schranken am Waldeingang hin. Fahrradfahrer sind dagegen auf den Hauptwegen stets willkommen.

Aber auch mitten im Wald sind bestimmte Bereiche hin und wieder durch Flatterband oder Absperrungen eingesäumt oder es weisen mobile Schilder darauf hin, dass hier Sperrgebiet für Waldbesucher ist. Das dient dem Schutz der Besucher. Man darf diese Gebiete nicht betreten, weil hier gerade Waldarbeiter damit beschäftigt sind, Bäume zu fällen und die Stämme zu den Abfuhrwegen zu rücken. Und das bedeutet für Unbeteiligte Lebensgefahr. Deshalb gilt es hier den Tatendrang und Entdeckergeist der Kleinen zu zügeln und sie auf diese Gefahr besonders hinweisen. Unnötig zu sagen, dass die Eltern mit gutem Beispiel vorangehen sollten. Wer diese Sperren nicht beachtet, riskiert sein Leben. Herabfallende Äste oder umfallende Bäume können zu tödlichen Waffen werden.

Ebenso gefährlich für Spaziergänger sind Gemeinschaftsjagden. Wenn die Jagdgesellschaft unterwegs ist, wer-

den die Forststraßen und Wanderwege deshalb großflächig abgesperrt.

Doch keine Sorge: Selbst wenn manche Bereiche für Waldbesucher tabu sind, bietet unser Landeswald genügend Platz für alle. Wanderer, Jogger, Reiter, Fahrradfahrer und Mountainbiker können hier ihrem Hobby frönen und jeder auf seine Weise den Wald genießen. Damit Sie sich in der Natur zurechtfinden und orientieren können, sind die Wege von den Niedersächsischen Landesforsten und anderen Eigentümern wie Kommunen beschildert und durch Markierungen gekennzeichnet. Sie unterscheiden sich von Region zu Region, sodass man sich vor Ort ausführlich informieren sollte. Wenn sich alle Besucher an die Wege halten, die für sie vorgesehen sind, und aufeinander Rücksicht nehmen, hat jeder seinen Spaß und keiner stört über Gebühr den anderen – oder die Natur. Denn selbstverständlich werden die Wege gezielt durch Naturschutzgebiete und Wildruhezonen geführt oder daran vorbeigeleitet, sodass die Tiere in ihren Rückzugsgebieten nicht gestört oder aufgeschreckt werden.

Für die kleinen Pausen zwischendurch

Eine Waldwanderung macht hungrig und durstig und irgendwann auch müde. Wie gut, dass es da genügend Bänke, Picknickplätze, Wanderschutzhütten und vieles mehr gibt, die die Besucher zum Verweilen einladen.

Diese Erholungseinrichtungen werden von den Forstwirten der Niedersächsischen Landesforsten sowie von Kommunen, Wander- und Heimatvereinen bereitgestellt und instand gehalten. Hier kann man sich entspannt zurücklehnen, die mitgebrachte Wegzehrung verspeisen, das Auge schweifen und in Ruhe die Natur auf sich wirken lassen. Und für die kleinen Besucher, die naturgemäß nicht so lange still sitzen können, gibt es herrliche Waldspielplätze, auf denen sie sich so richtig austoben können. So kommt im Wald jeder auf seine Kosten: Mama und Papa, die sich in der erfrischenden Natur vom Alltagsstress erholen möchten, ebenso wie die kleinen Entdecker, die voller Neugier das Terrain erkunden.

II.

Leo und Leonie erklären den Wald

Die Zeiten, da Wälder sich selbst überlassene Urwälder waren, sind lange vorbei. Doch während man den Wald im Mittelalter rücksichtslos gerodet und verwüstet hat, setzen die Niedersächsischen Landesforsten heute auf nachhaltige Forstwirtschaft und langfristige ökologische Waldentwicklung. Aber wie erklären Sie Ihren Kindern oder Enkeln, was sich hinter diesen Schlagwörtern verbirgt? Wie schützen und pflegen die Forstleute den Wald und wie können sie ihn erneuern? Wozu ist der Wald gut, und was ist eigentlich ein LÖWE-Wald? Wie können die Menschen ihn nutzen, ohne ihn auszunutzen? Antwort auf all diese Fragen geben Leo, das Maskottchen des LÖWE-Waldes, und seine Freundin Leonie.

Was ist ein LÖWE-Wald?

Wie erneuert man einen Wald?

Warum werden manche Bäume gefällt?

Wie schützen die Forstleute den Wald?

Wozu ist der Wald gut?

Was ist nachhaltige Waldwirtschaft?

Was ist ein LÖWE-Wald?

LÖWE ist die Abkürzung für Langfristige Ökologische Waldentwicklung. Dahinter verbirgt sich ein Programm, das 1991 für den Landeswald eingeführt wurde und zum Ziel hat, unseren Wald allmählich in stabile, widerstandsfähige Mischwälder umzuwandeln, in denen viele verschiedene Tier- und Pflanzenarten leben können. Vor langer Zeit waren unsere Wälder von Natur aus Mischwälder, bis man den Wald im Mittelalter gerodet und in folgenden Jahrhunderten großflächig hauptsächlich mit Fichten wiederaufgeforstet hat.

Doch diese Reinbestände oder Monokulturen sind extrem anfällig für Schädlinge und Naturgewalten wie Eis, Schnee, Stürme und Brände. Mischwälder mit verschiedenartigen Laub- und Nadelhölzern dagegen bieten den besten Schutz vor diesen Gefahren. Deshalb werden heute Reinbestände, auch aus Kiefern oder Buchen, mit anderen Baumarten durchmischt. Im Schutz alter Kiefern zum Beispiel werden gezielt junge Buchen angepflanzt. Reinbestände wird es im Wald der Zukunft nur noch an extremen Standorten geben, etwa im besonders rauen Klima des Hochharzes, wo eben fast nur Fichten gedeihen. Natürlich vollzieht sich diese Umwandlung nicht von heute auf morgen. Sie braucht viel Zeit – Jahre, Jahrzehnte, sogar Jahrhunderte. Doch wer genau hinsieht, sieht schon nach den ersten 20 Jahren an vielen Stellen eine neue, hoffnungsvolle Generation kleiner Buchen und Eichen heranwachsen, die den alten Wald durchmischen und ihn so gegen Stürme und den kommenden Klimawandel wappnen.

Warum ist der Waldboden so wichtig?

Der Waldboden wimmelt vor Leben. Kaum zu glauben, aber in nur einer Handvoll frischer Walderde leben mehr als eine Milliarde Lebewesen. Regenwürmer, Asseln, Hundertfüßer, Mistkäfer, Springschwänze, Milben, Bakterien, Pilze und andere Kleinstlebewesen verwandeln die oberste Schicht aus Laub und anderen abgestorbenen Pflanzenteilen in guten, fruchtbaren Humus, auf dem neue

LÖWE-Wald ist die Abkürzung ist für **L**angfristige **Ö**kologische **W**ald**e**ntwicklung. Der Niedersächsische Landeswald soll zu einem Mischwald umgestaltet werden, in dem sich viele verschiedene, auch seltene und bedrohte Tierarten wohlfühlen. Mischwälder bieten nicht nur eine viel größere Artenvielfalt, sondern sind auch widerstandsfähiger und kommen viel eher mit Schädlingen, Schnee und Eis, heftigen Stürmen und Bränden klar als beispielsweise reine Fichtenwälder. Diese Entwicklung geht aber nicht von jetzt auf nachher, sie ist langfristig angelegt und es wird Generationen dauern, bis das Ziel des ökologischen LÖWE-Waldes ganz erreicht ist.

Pflanzen entstehen können. Ohne den Waldboden könnte der Wald nicht wachsen und gedeihen. Deshalb ist er für die Lebensgemeinschaft Wald so ungeheuer wichtig und muss besonders geschützt werden. Das bedeutet, dass an diesen nährstoffreichen Boden kein Dünger kommt und Erntemaschinen nur die eigens dafür angelegten Rückegassen benutzen, um ihn nicht zu beschädigen.

Die Baumarten, die neu gepflanzt werden, müssen sich auf dem jeweiligen Boden und am jeweiligen Standort wohlfühlen, damit ihre Wurzeln das Erdreich erschließen und verbessern können. Darum wählt man fast nur solche Bäume aus, die dort auch von Natur aus wachsen würden, in der Heide zum Beispiel Buchen aber auch Eichen und Kiefern. Ganz draußen bleiben müssen fremdländische Bäume trotzdem nicht. Ökologisch zuträgliche Gewächse, also solche, die an das Klima und den Boden angepasst sind und den Erdboden auf lange Sicht verbessern, werden zum Teil sogar ganz gezielt angepflanzt. So eine Exotin ist zum Beispiel die Douglasie, die mit den Buchen und Fichten unserer Wälder ein gutes Team bildet.

Die Mischung macht's

Abwechslung kommt in den LÖWE-Wald nicht nur durch verschiedene Baumarten, sondern auch dadurch, dass junge neben alten, niedrige neben hohen und dickstämmige neben dünnstämmigen Bäumen stehen. Das hört sich nach einem großen Durcheinander an, aber die Sache hat ihren Grund: In diesem vielschichtigen Wald finden viel mehr Tier- und Pflanzenarten Nahrung und

Unglaublich, aber wahr: In gerade mal einer Handvoll frischer Walderde leben mehr als eine Milliarde Lebewesen! Sie fressen und zersetzen die Laubschicht und wandeln sie in gute, fruchtbare Erde um, auf der neue Bäume und Pflanzen wachsen können. Deshalb muss der Waldboden ganz besonders geschützt werden. Und weil der Boden nicht überall gleich ist, pflanzt man darauf nur Bäume, die sich dort wohlfühlen und auch von Natur aus darauf wachsen würden. Das darf hin und wieder auch der ein oder andere Exot sein.

Die 13 Ziele des LÖWE-Programms

1. Schutz des Waldbodens und Pflanzung passender heimischer Bäume
2. Vermehrung von Laub- und Mischwald
3. Pflanzung auch von geeigneten fremdländischen Baumarten
4. Verjüngung des Waldes möglichst auf natürliche Weise
5. Mischung von alten und jungen, dicken und dünnen, hohen und niedrigen Bäumen
6. Holzernte zum optimalen Zeitpunkt
7. Erhalt alter Bäume und Schutz seltener und bedrohter Tiere und Pflanzen
8. Einrichten von Waldschutzgebieten
9. Gewährleistung der vielfältigen Funktionen des Waldes
10. Gestaltung und Pflege der Waldränder
11. Ökologischer Schutz des Waldes
12. Regulierung der Wildtierzahl zum Schutz des Waldes
13. Schonender Einsatz der Forsttechnik

Unterschlupf als beispielsweise in einem reinen Fichtenwald. So leben heute in unserem Landeswald wieder Schwarzstörche, Laubfrösche oder das Knabenkraut, eine seltene Orchideenart.

Auch betagte und abgestorbene Bäume gehören im LÖWE-Wald dazu. In den Landesforsten wird nicht jeder reife alte Baum gefällt und verwertet. Manche lässt man bewusst stehen; Förster bezeichnen sie als Habitatbäume. Sie dürfen ganz allmählich und natürlich altern und schließlich zerfallen – sehr zur Freude von Spechten, Hornissen und anderen Baumhöhlenbewohnern. Totholz ist für den Wald nützlich und voller Leben, denn hier entstehen wertvolle Lebensräume und Nischen für allerlei Getier, aber auch Moose, Flechten

Im LÖWE-Wald stehen Laub- neben Nadelbäumen, junge Bäume neben alten, niedrige neben hohen, solche mit dickem Stamm neben solchen mit dünnem – sogar tote Bäume sind hier ausdrücklich erwünscht. Manche reifen Bäume werden also nicht gefällt, sondern dürfen ganz natürlich altern und schließlich sterben. Das morsche Holz hat viele tierische Liebhaber, etwa Spechte und Hornissen, und wird rasch von Moosen, Flechten und Pilzen erobert.

und Pilze finden hier einen Platz. Pilze zum Beispiel zersetzen das abgestorbene Holz und führen es wieder dem Kreislauf der Natur zu. Auch seltene und bedrohte Tierarten bekommen so eine Chance zum Überleben.

Spezielle Schutzgebiete und Waldränder

Neben den Wäldern, in denen Holz nach umweltverträglichen Maßstäben geerntet wird, gibt es in den Niedersächsischen Landesforsten auch geschützte Bereiche, die nicht wirtschaftlich genutzt werden. In diesen Naturwäldern und speziellen Biotopen wie Bach-Auewäldern darf sich die dortige seltene Lebensgemeinschaft ganz ungestört entwickeln. Waldränder sind für eine Vielzahl von Tier- und Pflanzenarten, vor allem Insekten und Singvögel, ein wertvoller Nist-, Rückzugs- und Überwinterungsplatz und brauchen eine besondere Pflege. Das Optimum ist ein Waldrand in Stufen mit einem Saum aus niedrigen Kräutern und Gräsern, daran anschließend einem Gürtel mit halbhohen Sträuchern wie Heckenrose und Schwarzdorn und schließlich einem Streifen mit niedrigeren Bäumen, die allmählich in den eigentlichen Wald übergehen. So ein stufiger Rand schützt das Waldesinnere nämlich wesentlich besser vor Sturmschäden, weil der Wind daran gleichmäßig aufgleiten kann.

WIE ERNEUERT MAN EINEN WALD?

Bevor ein alter Wald durch das Einpflanzen von jungen Bäumchen erneuert oder verjüngt wird, müssen sich die Forstleute erst einmal überlegen, wie er sich entwickeln soll. Dazu erkunden sie das Gelände und klären ab, wie der dortige Boden beschaffen ist, in welcher Höhe der Wald liegt und wie es mit Klima und Wasserhaushalt aussieht. Dann fertigen sie eine Karte und eine Standortbeschreibung an und legen schließlich fest, wie sich der Wald weiterentwickeln soll. Denn zu welchen Anteilen die einzelnen Baumarten in der neuen Waldgeneration vertreten sein sollen, muss in allererster Linie vom Standort abhängig gemacht werden.

Auf einem sehr nassen Standort beispielsweise treiben Fichten sehr flache Wurzeln und werden daher leicht vom Sturm umgeworfen. Hier sind Eichen, deren Wurzeln viel tiefer in den Boden hineinwachsen, weitaus besser geeignet. Diese richtig starken Bäume wirft so leicht nichts um.
Es gibt zwei Arten, den Wald zu erneuern: die natürliche und die künstliche Verjüngung. Naturverjüngung bedeutet, dass die alten Bäume Samen abwerfen, aus denen dann eine neue Baumgeneration heranwächst. Das funktioniert aber nur, wenn es von den Baumarten, die dort vermehrt wachsen sollen, auch genügend gesunde, hochwertige Altbäume gibt.
Im Gegensatz dazu werden bei der künstlichen Verjüngung durch den Menschen neue Bäumchen gepflanzt oder ausgesät.

Künstliche Verjüngung

Die künstliche Verjüngung ist die Methode der Wahl, wenn die Baumart gewechselt werden soll, wenn also etwa, wie im Beispiel oben, Eichen Fichten ersetzen sollen oder es nicht genügend Samenbäume für die natürliche Verjüngung gibt. Außerdem wendet man sie auf großen Freiflächen an, die beispielsweise durch einen verheerenden Sturm entstanden sind, oder auf Flächen, die zuvor landwirtschaftlich genutzt wurden. Auch in Wäldern, die sich noch in einer Übergangsphase zum Misch-

Die Forstleute überlassen den Wald nicht sich selbst, sondern lenken seine Entwicklung in eine bestimmte Richtung. Deshalb entscheiden sie, welche neuen Bäume in einem Waldstück heranwachsen sollen, damit es sich verjüngt. In manchen Fällen können sie die Verjüngung den alten Bäumen überlassen. Bei dieser natürlichen Verjüngung werfen die alten Bäume ihre Samen ab und daraus entwickeln sich die Nachkommen. Häufig müssen die Förster aber auch selbst neue Bäumchen pflanzen, die in Baumschulen aus Samen vorgezogen wurden. Das nennt man künstliche Verjüngung. Die neue Waldgeneration wächst heran, während die alte ihrer endgültigen Reife entgegenwächst. So vollzieht sich ganz allmählich ein Generationswechsel.

wald befinden, werden die neuen Bäume meist gepflanzt, und zwar wenn möglich unter dem Schutz (Schirm) alter Bäume. Dafür muss die Fläche, die verjüngt werden soll, in der Regel vorbereitet und geräumt werden, denn dichter Bodenbewuchs kann die Jungbäumchen behindern und ihnen das Anwachsen erschweren. Die Forstleute müssen also herumliegende Äste und Kronenteile wegschaffen und den Mineralboden freilegen, um Bodendecker wie Brombeergestrüpp oder Grasfilz zu verdrängen.

Auf der geräumten Fläche können die jungen Bäume ungestört von anderen Bodenpflanzen heranwachsen und sich ausbreiten. Pflanzzeit ist im Herbst oder zeitigen Frühjahr. Die neuen Hoffnungsträger kommen aus Baumschulen oder werden an Stellen ausgegraben, wo sie sich auf natürliche Art ausgesät haben. Diese Bäumchen nennt man Wildlinge.

Unter dem Schirm alter Bäume wachsen junge Bäumchen besonders gut.

Wie man sie pflanzt, hängt von Größe und Wurzelwerk des Jungbäumchens sowie den Bodenverhältnissen ab. In den meisten Fällen schlägt man mit einer Pflanzhaue einen Spalt in den Boden. Anschließend steckt man die Wurzeln des Bäumchens in den Spalt und drückt ihn wieder zu. Diese Art der Pflanzung ist konkurrenzlos schnell. Damit die Wurzeln nicht austrocknen, transportiert der Waldarbeiter die empfindlichen Jungbäumchen in einer speziellen Umhängetasche.

Manche besonders lichthungrigen Baumarten wie die Eiche gedeihen jedoch schlecht im Schatten von Altbäumen. Für sie muss man kleinere Freiflächen bis zu einem Hektar schaffen, auf denen sie genug Licht bekommen.

Die Tücken der Jugend

Mit dem Pflanzen allein ist es natürlich nicht getan. Schließlich gibt es im Wald vor allem im Winter hungrige Rehe, Hirsche und Hasen, die sich solche zarten Leckerbissen auf keinen Fall entgehen lassen. Diese Knabberangriffe tun zwar den Tieren gut, den Bäumchen aber schaden sie. Also müssen sie, speziell seltene Baumarten, mit Zäunen vor dem Wild geschützt werden. Der Zaun bleibt so lange stehen, bis die Bäume so groß sind, dass die Tiere den obersten Trieb nicht mehr abknabbern können. Auch danach muss man die Jungbäume noch häufig kontrollieren, denn in den ersten Jahren nach der Pflanzung sind sie besonders anfällig. Gräser oder Brombeersträucher, die sie schnell überwuchern können, müssen so lange immer wieder gemäht werden, bis die Bäume den Jugendgefahren entwachsen sind.

Naturverjüngung

Zeigt ein Wald bereits die richtige Mischung von gesunden, hochwertigen Baumarten, die ideal an den Standort angepasst sind, verjüngt man ihn bevorzugt durch natürliche Aussamung. Damit diese Selbsterneuerung gelingt, werden die Samen abwerfenden Bäume gefördert. Dazu fällt man andere Bäume, die sie bedrängen. So kann sich ihre Krone schön groß ausbilden und der Baum produziert mehr Samen. Gleichzeitig gelangen Licht und Wasser leichter an den Waldboden und leisten ihren Beitrag dazu, dass die Samen keimen. Dadurch, dass der Baumnachwuchs im Schatten der alten Samenbäume heranwächst, werden die Jugendgefahren abgemildert. Eine geschlossene Grasschicht, die die Hoffnungsträger bedrängen würde, entwickelt sich hier nicht so leicht wie zum Beispiel auf einer Freifläche.
Die neue Waldgeneration entsteht, während ihre Stammväter noch weiter wachsen und Holz produzieren. Später werden sie dann gefällt, um dem Nachwuchs Platz zu machen. Ganz allmählich und fließend vollzieht sich so der Generationswechsel der Bäume. Durch die unterschiedlichen Lichtverhältnisse entsteht ein abwechslungsreicher, vielfältiger Wald.

WARUM WERDEN MANCHE BÄUME GEFÄLLT?

In der Jugendphase entscheidet sich bei vielen Baumarten, ob man später wertvolles Holz ernten kann. Die Arbeit der Forstleute in dieser Zeit nennt man Jungbestandspflege. Sie verbessern die Qualität und den Wert der Bäume und das Miteinander der verschiedenen Baumarten. Sie greifen aber nur in die Natur ein, wenn die wertvollsten Bäume oder besonders seltene Baumarten durch andere Pflanzen in ihrem Wachstum behindert werden und zu wenig Licht abbekommen, sodass die Gefahr besteht, dass sie absterben.

Waldpflege und Durchforstung

Wenn die neuen Bäume aus dem Gröbsten raus, also den Jugendjahren entwachsen, sind, kommt die Zeit der Auslese, Förderung und Reife der besten Bäume. In dieser Phase wird der Wald mehrmals, alle fünf bis zehn Jahre, durchforstet, also ausgelichtet. Damit will man erreichen, dass sich stabile und qualitativ hochwertige Waldbestände herausbilden. Bäume von schlechter Qualität, die beispielsweise einen krummen Stamm, eine zu kleine Krone oder wenig Überlebenskraft haben und besonders gute Bäume bedrängen, werden entfernt; diese Bäume nennen die Forstleute Bedränger. Mit der Auslese fördern die Förster das Wachstum der guten Bäume. Diese sogenannten Zukunftsbäume sind gesund, gerade, stark, ohne Schäden und ihre Kronen sind groß und vital.

Bedränger und Zukunftsbäume wählt der Förster aus und markiert sie entsprechend mit Farbe bzw. Farbbändern. Die Auswahl der Zukunftsbäume ist eine der wichtigsten Entscheidungen im Lauf der Waldpflege; erst wenn diese Bäume feststehen, findet die erste Durchforstung statt. Wie viele Zukunftsbäume der Förster auszeichnet, hängt davon ab, wie viel Raum für die Kronen im Endbestand zur Verfügung steht. So wird zum Beispiel die Anzahl der Bäume von der Pflanzung bis zur Ernte eines Eichenwaldes – also innerhalb von rund 220 Jahren – im Zuge der Durchforstung von 10 000 Stück pro Hektar auf rund 100 Stück reduziert. In einem undurchforsteten jungen Wald stehen wesentlich mehr Bäume auf einem Hektar und sie haben kleinere Kronen und dünnere Stämme, was sie für einen Angriff stürmischer Naturgewalten anfälliger macht.

Deshalb ist die regelmäßige Durchforstung und Waldpflege so wichtig. Die Zukunftsbäume bekommen mehr Licht und Raum zum Wachsen. Ihre Kronen können sich ungehindert entfalten und die Fotosynthese wird angekurbelt, wodurch die Bäume dicker werden und mehr wertvolles Holz bilden. Auch die Wurzeln werden in ihrem Wachstum gefördert, was die Bäume stabiler macht und besser gegen Stürme und den Klimawandel wappnet. Da die einzelnen Baumarten unterschiedlich schnell wachsen, müssen besonders lichtbedürftige Sorten wie Eichen und Lärchen unterstützt werden, damit sie sich gegenüber konkurrenzstarken Bäumen wie Buchen, die auch Schatten vertragen, durchsetzen können. In gemischten Wäldern werden Bäume, die sich entwickeln sollen, freigestellt, also von Bedrängern befreit, und sehr seltene Baumarten werden erhalten, um eine möglichst große Artenvielfalt zu bewahren.

Bedränger kriegen die Rote Karte, Zukunftsbäume eine Extraportion Pflege.

Damit sich die besten Bäume ungestört entwickeln können, muss der Wald regelmäßig durchforstet oder ausgelichtet werden. Nicht so wertvolle, schwache oder krumme Bäume werden dann gefällt, damit die guten Bäume genug Platz und Licht haben, um sich voll zu entwickeln. Diesen Bäumen gehört die Zukunft im Wald, deshalb nennt man sie Zukunftsbäume.

Wie schützen die Forstleute den Wald?

Eine weitere wichtige Aufgabe der Forstwirtschaft ist der Schutz von Wäldern und Baumbeständen vor Schäden und Schädlingen jeder Art. Ein umfassendes „Frühwarnsystem“ hilft, mögliche Gefahren rechtzeitig zu erkennen und einzuschätzen. Doch auch hier gilt: Vorbeugen ist besser als heilen.

Erfolgreicher Waldschutz fängt schon damit an, dass man möglichst gemischte, naturnahe Wälder fördert und ihrer Entwicklung überlässt, die Baumarten passend zum Standort auswählt, den Wald pflegt und Nützlinge schützt. Diese Wälder widerstehen Naturgewalten, Schadinsekten und Pilzen wesentlich besser. Sind jedoch ernste Schäden zu erwarten, müssen die Forstleute eingreifen. Schließlich will man den Wald ja in seiner Substanz bewahren und sicherstellen, dass er seine Funktionen, zu denen auch die Holzproduktion gehört, künftig weiter erfüllen kann.

Der Förster und seine Mitarbeiter versuchen möglichst wenig in die natürlichen Abläufe einzugreifen. Wenn jedoch keine milden, schonenden Korrekturen möglich sind oder sie nicht ausreichen und ganze Waldbestände bedroht sind, müssen im Notfall auch Pflanzenschutzmittel eingesetzt werden.

Welche Schäden und Schädlinge bedrohen den Wald?

Grundsätzlich gibt es Schadursachen durch die belebte Natur, also etwa durch Insekten, Wirbeltiere, Krankheiten oder unerwünschten Graswuchs, und durch die unbelebte Natur. Darunter fallen zum Beispiel Stürme, Feuer, Luftverschmutzung und die Versauerung der Böden.

Wie werden die Schädlinge bekämpft?

An erster Stelle steht auch hier die Vorbeugung, um die Gefahr von vornherein einzudämmen. Man fördert Spechte, die den Borkenkäfern

Erfolgreicher Waldschutz heißt, dass zunächst die Voraussetzungen dafür geschaffen werden, dass der Wald sich selbst gegen Schädlinge zur Wehr setzen kann. Spechte zum Beispiel vertilgen Borkenkäfer, deshalb wird die Spechtpopulation gefördert. Nehmen Schädlinge trotzdem einmal überhand, müssen die Förster eingreifen, um den Wald gesund zu erhalten. Vom Borkenkäfer befallene Fichten werden gefällt und entrindet oder mit Schädlingsbekämpfungsmitteln behandelt. Die setzt man aber wirklich erst ein, wenn andere Maßnahmen keinen Erfolg hatten.

zu Leibe rücken, und beseitigt Holz und Kronenteile, die auf dem Waldboden liegen und mögliche Brutstätten bieten. Gefährdete Waldgebiete muss der Förster regelmäßig überwachen – nur so kann die Plage wirkungsvoll bekämpft werden. Mit Lockstofffallen (siehe Seite 84), in denen Borkenkäfer gefangen werden, werden die Plagegeister zwar nicht wirkungsvoll bekämpft, aber sie helfen dem Förster, das Ausmaß des Befalls zu kontrollieren. Einmal in der Woche schaut er nach, wie viele Käfer in der Falle sitzen.

Sehr wichtig sind diese Fallen an Flächen, an denen schon Fichten durch den Borkenkäfer abgestorben sind, denn die übrigen, noch lebenden Bäume sind ganz besonders gefährdet. Ist der Befall so groß, dass die Bäume ernsthaft in Gefahr sind, muss der Förster die Schädlinge mit anderen Mitteln bekämpfen. Da gibt es verschiedene Methoden. Entweder lässt er die befallenen Bäume sofort fällen und die Rinde entfernen oder sie werden mit Schädlingsbekämpfungsmitteln (Insektiziden) behandelt. Oder man stellt Fangholzhaufen auf, die ebenfalls mit Insektiziden behandelt werden. Allerdings greift man bei der Bekämpfung des Borkenkäfers und anderer Gefahren immer erst dann zu chemischen Pflanzenschutzmitteln, wenn ihnen durch biologische Maßnahmen nicht beizukommen und der Waldbestand ernsthaft in Gefahr ist. Die Forstleute wägen den Einsatz der chemischen Mittel daher immer sehr sorgfältig ab.

Der Einsatz von „Chemie“ ist immer das letzte Mittel, wenn alle anderen versagt haben.

Wozu ist der Wald gut?

Der Wald hat verschiedene Funktionen. Dazu gehören vor allem sein wirtschaftlicher Nutzen, der Schutz von Boden, Grundwasser und Klima und seine Funktion als Erholungsraum für uns Menschen. Je naturnäher der Wald bewirtschaftet wird, desto besser kann er diese Funktionen erfüllen.

Wir können seine Rohstoffe nutzen

Menschen nutzen den Wald schon seit jeher. Er erzeugt wichtige Rohstoffe, auf die wir angewiesen sind. Seit Jahrtausenden schon baut man mit Holz Häuser, Möbel, Schiffe, Musikinstrumente und vieles mehr und verwendet es zudem zum Heizen.

Ohne den Wald gäbe es weder die Holzwirtschaft noch die Papierindustrie. Außerdem wird Holz heute zunehmend auch in modernen Heizwerken eingesetzt, wodurch nicht erneuerbare Energieträger wie Erdöl und Kohle geschont werden. Nicht zuletzt werden durch die Betreuung und Bewirtschaftung des Waldes und die Holzverarbeitung auch Arbeitsplätze und Einkommen gesichert.

Der Wald schützt

Der Wald schützt den Boden vor schädigenden Einflüssen durch Wasser, Wind, Verlust von Nährstoffen (Aushagerung) und Steinschlag. Die Bäume bremsen den Wind ab, und ihre Wurzeln festigen den Boden, wodurch dem Bodenabtrag (Erosion) vorgebeugt wird. So werden besonders auch an Steillagen gefährliche Erdrutsche verhindert. Tiefwurzler wie Eiche, Tanne und Erle bieten dabei den besten Schutz.

Der Waldboden wirkt wie ein natürlicher Filter, der unser Trinkwasser von Schadstoffen reinigt und damit seine gute Qualität sicherstellt. Das Regenwasser versickert im Waldboden, wird gespeichert und langsam an das Grundwasser abgegeben. Weil

Der Wald ist für viele Tier- und Pflanzenarten, für den Menschen und für die Umwelt wichtig. Sein Holz können wir zum Bauen und Heizen verwenden und daraus Papier, Möbel und vieles mehr herstellen. Er ist ein prima Ort, an dem wir uns erholen und unsere Freizeit verbringen können. Er schützt den Boden, liefert uns sauberes Trinkwasser, bildet frischen Sauerstoff, reinigt die Luft von Schadstoffen und sorgt für ein angenehmes Klima auch in den Städten. Weltweit hilft er das Treibhausgas Kohlenstoffdioxid zu binden und wirkt so der Erderwärmung entgegen.

der Wald als Trinkwasserspeicher und -lieferant immer wichtiger wird, werden in den Wasserschutzgebieten der Niedersächsischen Landesforsten spezielle Wasserschutzwälder ausgewiesen.

Zunehmende Bedeutung bekommt unser Wald auch für den Klimaschutz, denn er gleicht die Temperatur aus und ist so etwas wie die Klimaanlage der Städte. An heißen Tagen ist es im Wald angenehm kühl, sodass aus den Wäldern in der Nähe von Städten kühle Luft in die warmen Stadtgebiete strömen kann. Das sorgt für einen guten Luftaustausch. Außerdem filtern Bäume Staubteilchen und Schadstoffe aus der Luft und bilden frischen Sauerstoff.
Doch der Wald ist nicht nur gut für das regionale, sondern auch für das globale Klima. Die Bäume binden nämlich in ihrem Holz das schädliche Treibhausgas Kohlenstoffdioxid, das so dem Klimakreislauf entzogen wird. Somit profitiert auch das Weltklima vom Wald und seiner nachhaltigen Nutzung.

Wir können uns im Wald erholen

Ganz wichtig ist der Wald für uns auch als Freizeit- und Erholungsraum, der oft direkt vor unserer Haustür liegt. Die Waldwelt hebt sich wohltuend von der Hektik, dem Lärm und Schmutz der Stadt ab. Im ausgeglichenen Klima des Waldes und seiner sauberen, frischen Luft können wir uns entschleunigen, zur Ruhe kommen, neue Kraft tanken und in Kontakt mit der Natur und den Tieren des Waldes treten.

Wie wichtig und wohltuend dieser Ausgleich für uns ist, merken wir manchmal erst, wenn wir nach langer Zeit wieder einmal der Großstadt entfliehen und uns in die Abgeschiedenheit der Wälder flüchten.

Was ist nachhaltige Waldwirtschaft?

Wir wollen die Ressourcen des Waldes nicht verprassen, sondern ihn für kommende Generationen erhalten und junge Bäume für die Zukunft schützen. Damit stellen wir sicher, dass auch unsere Kinder in gleichem Maß vom Wald profitieren können wie wir. Genau das meint nachhaltige Forstwirtschaft. Deshalb müssen Forstleute in Jahrzehnten und Jahrhunderten denken und vorausschauend planen.

Nach Jahrzehnten der Pflege sind die besten und dicksten Bäume reif zum Ernten. Bis eine ganze Waldfläche abgeerntet ist, vergeht sehr viel Zeit, denn jeder Baum wird erst dann gefällt, wenn er seinen optimalen Durchmesser erreicht hat. In der Forstwirtschaft nennt man das Zielstärke. Die Zielstärke der Eiche beispielsweise liegt bei rund 70 Zentimetern, die der Kiefer bei mindestens 45 Zentimetern. Wenn der Baum seine Zielstärke erreicht hat, ist sein Holz am wertvollsten. Die Wildkirsche kann nach etwa 60 Jahren geerntet werden, erstklassiges Eichenholz erst nach rund 220 Jahren. Wenn die reifen Bäume dann geerntet sind, hat die nächste Waldgeneration Platz zum Heranwachsen. Sie steht bereits in den Startlöchern, und das vermehrte Sonnenlicht und die Wärme lassen sie besonders gut und schnell wachsen. Das Waldstück beginnt sich an den freigewordenen Flächen zu verjüngen, und rasch füllen die jungen Bäume die Lücke im Kronendach. Da auch die neue Waldgeneration aus Bäumen unterschiedlichen Alters besteht, wächst so ein mehrschichtiger, strukturreicher Wald heran.

Nicht mehr ernten als nachwächst

In einer nachhaltigen Forstwirtschaft darf nicht mehr Holz geerntet werden als laufend nachwächst. Deshalb führen die Forstleute im Abstand von zehn Jahren Messungen im Wald durch und kontrollieren den Zustand des Waldes. Anhand dieser Messungen bestimmt der Förster dann, welche Holzmenge in den nächsten zehn Jahren genutzt werden darf.

Nachhaltige Forstwirtschaft sorgt dafür, dass die Vielfalt, die Lebenskraft und die Verjüngungsfähigkeit des Ökosystems Wald erhalten bleiben und er auch zukünftig und auf lange Sicht seine für Mensch, Tier und Umwelt so wichtigen Funktionen erfüllen kann.

Im LÖWE-Wald wird zwar Holz geerntet, aber so, dass der Wald nicht darunter leidet. Es wird immer nur so viel Holz entnommen, wie auch wieder nachwächst. Auf diese Art wird der Wald nicht „leergeerntet", sondern für die Zukunft erhalten, damit ihn auch die Generation unserer Kinder und Enkel genauso nutzen und genießen kann wie wir heute.

III.

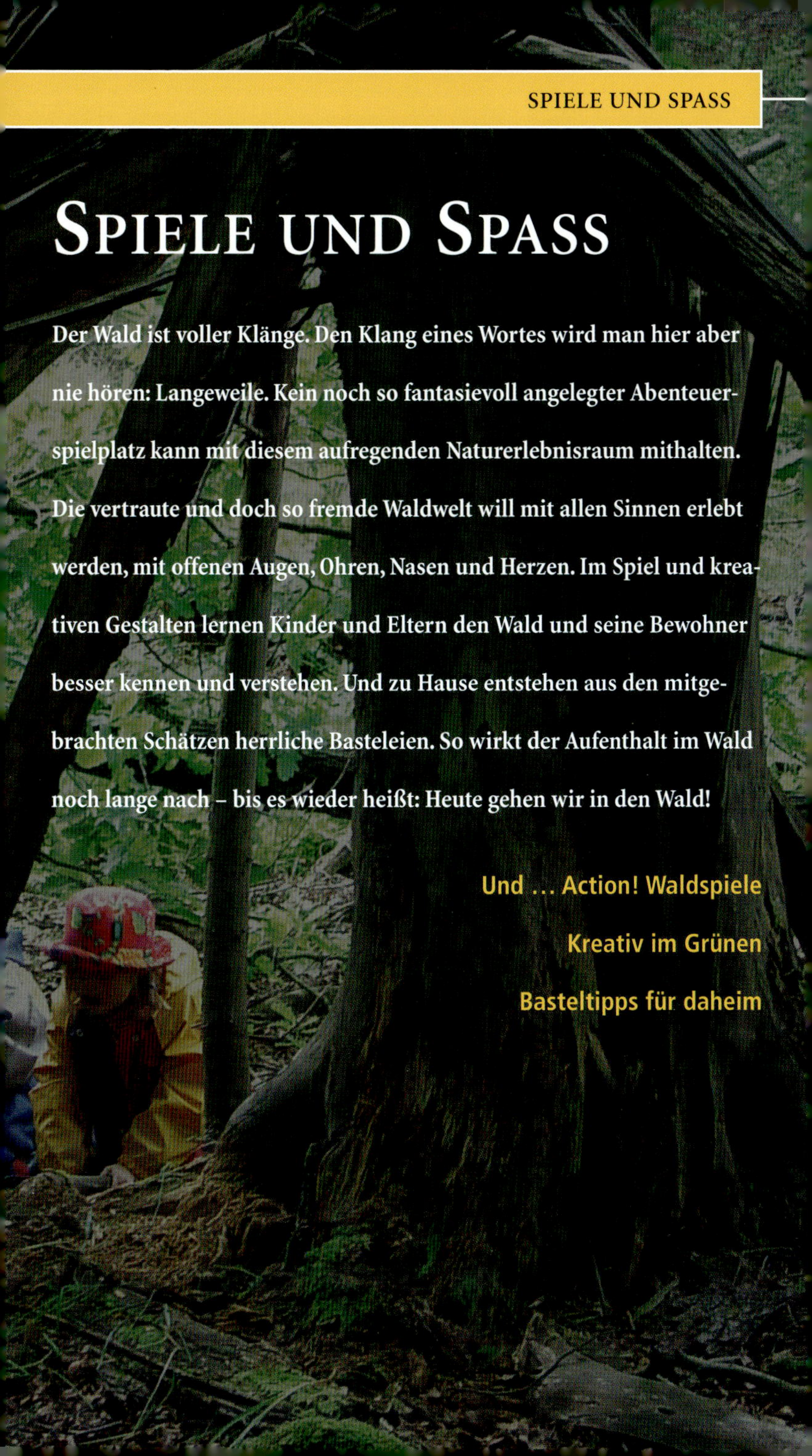

Spiele und Spass

Der Wald ist voller Klänge. Den Klang eines Wortes wird man hier aber nie hören: Langeweile. Kein noch so fantasievoll angelegter Abenteuerspielplatz kann mit diesem aufregenden Naturerlebnisraum mithalten. Die vertraute und doch so fremde Waldwelt will mit allen Sinnen erlebt werden, mit offenen Augen, Ohren, Nasen und Herzen. Im Spiel und kreativen Gestalten lernen Kinder und Eltern den Wald und seine Bewohner besser kennen und verstehen. Und zu Hause entstehen aus den mitgebrachten Schätzen herrliche Basteleien. So wirkt der Aufenthalt im Wald noch lange nach – bis es wieder heißt: Heute gehen wir in den Wald!

Und ... Action! Waldspiele

Kreativ im Grünen

Basteltipps für daheim

Und … Action! Waldspiele

Wo sonst können sich kleine Racker so richtig nach Herzenslust austoben wie im Wald? Ideen zu ausgelassenen Spielen, aber auch ruhigen Aktivitäten, in denen die Kinder der Wunderwelt Wald nachspüren, kommen im Reich von Kauz und Kiefer von ganz alleine auf. Weitere Anregungen für Stunden voller Spaß und Action mit kleinen und größeren Kindern finden Sie hier. Auf die Plätze, fertig – los!

Genau hinhören: Waldgeräusche-Memory

Das braucht man

- eine gerade Anzahl undurchsichtiger Behälter mit Deckel, etwa Filmdosen (mindestens 10)

Vorbereitung

Die Kinder suchen kleinere trockene Waldgegenstände: Fichtennadeln, Samen und Früchte wie Eicheln, Kastanien, Hainbuchennüsschen, Steinchen usw. Der Spielleiter füllt jeweils zwei Dosen mit den gleichen Dingen, verschließt sie und stellt sie durcheinander auf den Boden. Die Kinder dürfen dabei nicht zusehen.

Spielablauf

1. Reihum schüttelt jedes Kind je zwei Dosen und hört genau hin. Hat es ein Paar erkannt, kontrolliert der Spielleiter den Inhalt. Hat das Kind richtig geraten, nimmt er die Dosen aus dem Spiel. Hat es falsch geraten, werden sie wieder zu den anderen gestellt.

2. Es wird so lange gespielt, bis alle Dosenpaare erkannt sind.

Tipp:
Man kann das Memory auch daheim mit mitgebrachtem Waldmaterial zusammenstellen.

Blick fürs Kleine: das grosse Suchen

Das braucht man
- Sammelbehälter (Leinentaschen, Schüsseln o. Ä.)
- so viele vorbereitete Suchlisten wie Mitspieler

Vorbereitung
Die Eltern schreiben zu Hause Suchlisten mit 10–15 Dingen, die die Kinder im Wald finden sollen. Beispiel:

Suchliste

1. *Etwas Gelbes*
2. *Drei stachelige Dinge*
3. *Etwas Wunderschönes*
4. *Samenkapseln*
5. *Etwas Holziges*
6. *Ein Farnblatt*
7. *Etwas, das Menschen weggeworfen haben*
8. *Etwas Weiches*
9. *Die Nadeln von verschiedenen Bäumen*
10. *Eine Hinterlassenschaft von einem Tier*
11. *Etwas Lustiges*

Spielablauf
1. Jeder Spieler bekommt eine Suchliste und einen Sammelbehälter und fahndet in der Umgebung nach den gefragten Dingen. Die Funde steckt er in den Sammelbehälter.

2. Wenn alle wieder beisammen sind, zeigt jeder Spieler seine gesammelten Gegenstände. Die anderen prüfen: Ist es auch wirklich das, wonach gefragt war?

Tipp:
Können die Kinder noch nicht lesen, gibt ein Erwachsener mündliche Anweisungen (z. B. „Jetzt suchen wir ein Stück Baumrinde“, „Als Nächstes finden wir etwas Weiches“).

Varianten
Natürlich kann sich die Familie auch gemeinsam oder paarweise auf Suchexpedition begeben.

Mit den gesammelten Dingen können alle anschließend noch ein schönes Waldbild legen (siehe Seite 134).

DER GROSSE LAUSCHANGRIFF: WALDGERÄUSCHE WAHRNEHMEN

Spielidee

Die Kinder sollen bei diesem entspannenden Spiel zur Ruhe kommen, sich konzentrieren und ihre Wahrnehmung schärfen. Es kann allerdings eine Weile dauern, bis sie nicht mehr herumhampeln und sich auf das Stillsein und Zuhören einlassen.

Spielablauf

1. Jeder Mitspieler sucht sich in Sichtweite von den anderen, aber nicht zu dicht beieinander, ein ruhiges Plätzchen und setzt oder legt sich gemütlich hin (an einen Baumstamm gelehnt, auf einer kleinen Wiese, auf einer Bank …).

2. Alle sind still, schließen die Augen und lauschen auf die verschiedenen Geräusche des Waldes.

3. Nach einigen Minuten kommen alle wieder zusammen und berichten den anderen, was sie gehört haben und woher das Geräusch kam. Verblüffende Erkenntnis: Selbst tief im Wald hört man nicht nur tierische Laute, sondern auch Geräusche, die von Menschen stammen, zum Beispiel Auto- oder Flugzeuglärm, Waldarbeiter bei ihrer Tätigkeit oder die Schritte von Wanderern. Die Kinder haben auch erfahren, dass es bestimmte Waldgeräusche gibt, die so leise sind, dass man sie nicht mehr hört, wenn beispielsweise gesprochen wird: das Summen der Insekten, der Wind in den Blättern oder das Rascheln im Laub.

Variante

Jeder Spieler soll zehn Geräusche „sammeln“. Er kann sie auf einem Zettel notieren.

Alles verkehrt: im Spiegelwald

Spielidee

Mit dem Spiegel sehen die Kinder den Wald aus einer verblüffend anderen Perspektive und nehmen Dinge wahr, die ihren Blicken sonst verborgen sind.

Das braucht man

- pro Spielerpaar einen möglichst rechteckigen oder quadratischen Handspiegel oder eine Spiegelfliese (die scharfen Kanten vorher mit Klebeband abkleben)

Spielablauf

Der eine hält sich den Spiegel waagerecht unter die Augen, sodass er die Baumkronen sieht, der andere führt ihn langsam durch den Wald, möglichst auf einem ebenen Weg ohne Stolperfallen. Der Geführte darf während der ganzen Zeit nicht vom Spiegel aufschauen. Nach einer Weile wird gewechselt.

Variante

Zur Abwechslung den Spiegel auch mal mit der Spiegelseite nach unten an die Stirn halten und nach oben schauen, sodass man den Boden sieht. Aber Vorsicht: langsam gehen, weil man sonst allzu leicht gegen Bäume läuft.

Die Kinder können außerdem ausprobieren, wie sie den Spiegel sonst noch halten und weitere verblüffende Einblicke bekommen können.

Tipp:
Möglichst einen Waldbereich mit viel Abwechslung aussuchen, zum Beispiel Laub- und Nadelbäume, Licht und Schatten, Lücken im Blätterdach, tiefer hängende Äste (aber nicht so tief, dass die Spieler dagegen laufen!).

Graspfeife, Eichelrassel und Baumklopfer: Waldkonzert

Das braucht man

- eventuell eine Schachtel oder Dose mit Deckel, Taschenmesser, Bindfaden

Spielablauf

1. Die Kinder suchen im Wald nach Gegenständen, die sie als Instrumente verwenden können, oder bauen daraus einfache Instrumente. Der Fantasie sind keine Grenzen gesetzt!

2. Anschließend geben sie zusammen ein Konzert für die Waldbewohner.

Beispiele für Waldinstrumente

- Graspfeife: Einen Grashalm der Länge nach zwischen die parallel gehaltenen Daumen legen und spannen. In die Öffnung unterhalb des Daumengelenks blasen.

- Baumklopfer: Zwei Äste gegeneinanderklopfen, eventuell vorher die Rinde mit dem Taschenmesser abschneiden.

- Klangsteine: Zwei Steine aufeinanderklopfen.

- Rindenratsche: Mit einem kleinen Ast auf grober Baumrinde rubbeln.

- Laubrassel: Einen Ast mit trockenem Laub schütteln.

- Eichelrassel: Eicheln (oder Bucheckern oder kleine Steinchen) in die Schachtel füllen, verschließen und schütteln.

Wenn ich ein Vöglein wär: lustige Raupensuche

Spielidee

Im Frühjahr bringen die Vogeleltern ihren Jungen viele Würmer und Raupen, damit sie groß und stark werden. Bei diesem Spiel sind die Kinder die Vogeleltern und die Eltern die hungrigen Vogelkinder. Man spielt es am besten im Frühling, wenn auch die echten Vögel ihren Nachwuchs füttern.

Tipp:
Spielen mehrere Familien oder viele Teilnehmer mit, kann man das Raupenspiel auch teamweise spielen. Welche Mannschaft hat am Ende die meisten Raupen im Nest?

Das braucht man

- verschiedenfarbige Bonbons oder kurze verschiedenfarbige Wollfäden (etwa 7–10 cm), pro Kind mindestens 10 Stück (Gesamtmenge zählen!)
- Mütze oder anderer Sammelbehälter
- Gegenstände zum Markieren des Spielfeldes (Trinkflaschen, Rucksäcke usw.)

Vorbereitung

Man markiert ein etwa 10 x 10 m großes Spielfeld (am besten auf niedrigem Gras oder anderen nicht pieksenden Pflanzen), indem man an den Ecken Trinkflaschen o. Ä. aufstellt oder hinlegt. Dann werden auf dem Spielfeld Bonbons oder Wollfäden verteilt: Das sind die nahrhaften Raupen. Die Eltern stellen sich etwa 10 m vom Spielfeld auf und halten die Mütze (das Vogelnest) in der Hand. Man sollte darauf achten, dass zwischen Spielfeld und den Erwachsenen keine Stolperfallen sind.

Spielablauf

1. Die Kinder rennen vom Nest zum Spielfeld, schnappen sich eine Raupe egal welcher Farbe, rennen damit wieder zurück und werfen sie ins Nest. Dann rennen sie wieder zum Spielfeld, um die nächste Raupe zu holen, usw. Sie dürfen immer nur je eine Raupe transportieren. Nach einigen Minuten ist die Fütterung der gefräßigen Jungen vorbei.

2. Die Raupen im Nest werden gezählt und danach ausgerechnet, wie viele Raupen noch auf dem Spielfeld sind. Außerdem schaut man, welche Farbe am häufigsten gefunden wurde. Das ist meistens Rot, während Tarnfarben wie Braun oder Grün häufig übersehen werden. Genauso ergeht es auch den echten Raupen: Gut getarnte werden nicht so häufig entdeckt und kommen eher mit dem Leben davon.

3. Da die Vögel immer noch nicht satt sind, suchen alle zusammen auf dem Spielfeld nach den übriggebliebenen Raupen.

Ein Vorrat für den Winter: Eichhörnchenspiel

Spielidee

Im Herbst müssen sich die Eichhörnchen einen Nahrungsvorrat für den Winter anlegen. Dazu verstecken sie ihre Nüsse an verschiedenen Stellen im Wald, etwa unter Wurzeln oder in Baumhöhlen, oder vergraben sie in der Erde. Wenn sie dann im Winter zwischendurch aus ihrer Winterruhe erwachen, sind sie hungrig und holen sich ein paar Leckerbissen aus ihren Verstecken. Bei diesem Spiel sind alle Mitspieler Eichhörnchen.

Das braucht man

- pro Kind etwa 10–15 ungeknackte Nüsse in der Schale oder Eicheln
- eventuell einen Nussknacker

Spielablauf

1. Jedes Kind bekommt die gleiche Anzahl Nüsse. Die Kinder schwärmen aus und verstecken in 2–3 Minuten einzeln ihre Nüsse. Ihr Versteck müssen sie sich gut merken, damit sie es später auch wiederfinden.

2. Nach einer Frühstücks- oder Trinkpause sammeln die Kinder ihre Vorräte wieder ein. Entdeckt ein Kind den Vorrat eines anderen Kindes, darf es ihn „rauben". Diese Regel erklärt man den Kindern vor dem Einsammeln.

3. Danach zählt man aus, wie viele Nüsse die Kinder wiedergefunden haben. Welches Eichhörnchen war am erfolgreichsten und kommt am besten über den Winter?

4. Zum Schluss werden die Nüsse gemeinsam aufgegessen.

Variante

Auf einem Rundwanderweg können die Kinder am Anfang je eine Nuss verstecken und müssen sie am Ende des Ausflugs wiederfinden. Wenn sie sie nicht mehr entdecken, muss nicht immer ihr schlechtes Gedächtnis schuld sein: In der Zwischenzeit kann auch ein Waldtier die Nuss stibitzt haben.

Gar nicht einfach: Purzelbaum hangaufwärts

Einen Purzelbaum kann doch jeder schlagen! Stimmt. Aber bergauf gestaltet sich das schon schwieriger.

Vorbereitung

Man sucht ein leicht geneigtes Gelände aus. Die Stelle muss trocken sein und es dürfen weder Steine oder andere spitze Gegenstände noch Brennnesseln, Dornen usw. vorhanden sein.

Spielablauf

Die kleinen Turnkünstler versuchen einen Purzelbaum den Hang hinauf zu machen. Wer schafft es? Fortgeschrittene stellen ihr Können an einem steileren Hang unter Beweis.

Nach dem Spiel kann man mit den Kindern erkunden, welche Bäume speziell an Hängen stehen, was für eine Wuchsform sie haben usw.

SCHNELL UND GESCHICKT: STOCKSPIEL

Für mindestens 6 Mitspieler

Spielablauf

1. Jeder Mitspieler sucht sich einen möglichst geraden, stabilen und mindestens 1 m langen Ast oder Stock.

2. Im Kreis nicht zu weit voneinander aufstellen, den Stock vor sich hinstellen und locker festhalten.

3. Auf das Kommando des Spielleiters lassen alle ihren Stock los (aber nicht umwerfen!) und rennen in die vorher vereinbarte Richtung eine Position weiter zum nächsten Stock und greifen ihn, bevor er umfällt.
Kleine Kinder dürfen ihn mit beiden Händen greifen, größere und Erwachsene nur mit einer Hand.

4. Wer den Stock nicht auffängt, scheidet aus. Gewinner sind die beiden Spieler, die am Schluss noch im Spiel sind.

Tipp:
Der Spielleiter kann auch zwischendurch einen Richtungswechsel ansagen und das Spiel beschleunigen, indem er seine Kommandos in immer kürzeren Abständen gibt.

Schau genau: Was gehört da nicht hin?

Das braucht man

- eine 10–20 m lange Schnur
- 10–15 Gegenstände, die nicht in den Wald gehören, zum Beispiel Kugelschreiber, Alufolie, Taschentuch, Mütze, Wäscheklammer, Haarspange, Karotte, Plastikflasche, kleines Stofftier, Schuh, Kochlöffel, Büroklammer
- Zettel und Stifte

Vorbereitung

Die Schnur auf den Boden legen oder zwischen Bäumen spannen, am besten an einer Stelle, die hinter der Schnur etwas höher und dichter bewachsen ist. Der Spielleiter legt die Gegenstände, ohne dass die Kinder zuschauen, in einem 2–3 m breiten Streifen hinter der Schnur so hin, dass sie unterschiedlich schwer zu finden sind: manche ganz offensichtlich, andere halb hinter einem Grasbüschel versteckt oder in einen Strauch gehängt. Er notiert sich die Dinge und ihr Versteck, damit später nichts im Wald vergessen wird.

Spielablauf

1. Die Mitspieler gehen vor der Schnur die Strecke ab und suchen den Bereich dahinter mit den Augen nach den versteckten Gegenständen ab. Was sie entdeckt haben, schreiben sie verdeckt auf. Aber Vorsicht: Die anderen sollen davon nichts mitbekommen!

2. Danach wird verglichen, wer was entdeckt hat. Gewinner ist, wer am meisten gefunden hat. Am Schluss zeigt der Spielleiter die versteckten Dinge, die keiner entdeckt hat.

Variante 1

Wenn die Kinder noch klein sind, kann die ganze Gruppe auch zusammen suchen und die Dinge gleich benennen. Dann gibt es keinen Gewinner.

Variante 2

Schwieriger wird die Sache, wenn man Dinge aus dem Wald an einen falschen Platz bringt. So kann man einen Fichtenzapfen an einen Holunderbusch hängen oder eine Löwenzahnblüte an ein junges Bäumchen stecken.

Fitness für den Kopf: Wald-Memory

Das braucht man

- Taschen, Schüsseln oder andere Sammelbehälter
- 1–2 große Tücher oder Decken

Vorbereitung

Der Spielleiter sucht in der Umgebung 5–10 verschiedene Waldgegenstände (etwa eine Eichel, einen Grashalm, ein Stück Moos oder Holz). Dann legt er sie auf einem glatten Baumstumpf, einer Stelle ohne Pflanzenbewuchs, einem Weg, einer Bank oder auf dem zusätzlichen Tuch aus. Die Mitspieler dürfen ihm dabei nicht zusehen. Dann werden die Dinge mit einem weiteren Tuch abgedeckt.

Spielablauf

1. Die Mitspieler stellen sich im Kreis um die abgedeckten Dinge auf und der Spielleiter nimmt das Tuch weg. Die Kinder prägen sich jeden einzelnen Gegenstand ein. Nach einer halben Minute kommt das Tuch wieder darauf.

2. Die Kinder schwärmen aus und suchen und sammeln genau die gleichen Dinge, die sie sich gemerkt haben.

3. Nach etwa fünf Minuten versammeln sich alle wieder um das Tuch und dieses wird wieder weggenommen. Jetzt kann jeder seine Funde mit den ausgelegten Gegenständen vergleichen. Wie viele hat er gefunden? Hat er auch die richtigen Dinge gesammelt? Der Spielleiter kann dazu erzählen, von welchem Tier, welchem Baum usw. die einzelnen Fundstücke stammen.

Tipp:
Danach können die Kinder mit ihren gesammelten Dingen eine Waldpostkarte basteln (siehe Seite 131) oder gemeinsam ein Waldbild legen (siehe Seite 134).

Auf Tuchfühlung: Begegnung mit einem Baum

Für eine gerade Spielerzahl ab 2 Personen

Das braucht man

- Augenbinden oder Tücher

Spielablauf

1. In einem Waldstück mit dicken Bäumen bilden die Spieler Paare. Je einem Mitspieler werden die Augen verbunden. Je nachdem, wie alt die Mitspieler sind, kann der Sehende den Blinden ein-, zweimal im Kreis drehen (das macht es schwieriger), bevor er ihn ein Stück weit vorsichtig durch den Wald bis zu einem Baum führt.

2. Der Blinde umarmt, betastet und befühlt den Baum intensiv mit den Händen, von oben nach unten und rundum, streicht über die Rinde und versucht ihn zu riechen. Er merkt sich genau, was er gefühlt hat: die Äste, glatte oder raue Stellen, Moos, Löcher, Buckel, Wurzeln usw.

3. Der Sehende führt den Blinden zurück zum Ausgangspunkt und dreht ihn gegebenenfalls noch einmal im Kreis. Dann nimmt der Blinde die Augenbinde ab.

4. Danach macht er sich sehend auf die Suche nach „seinem“ Baum und versucht ihn wiederzuerkennen.

5. Anschließend werden die Rollen vertauscht.

Tipp:
Tappt der Suchende völlig im Dunkeln, darf man ihm auch Richtungstipps geben.

Spuren im Schnee: Fährtensuche

Spielablauf

1. Man sucht im Schnee (oder in matschigem oder offenem Boden) nach Tierspuren.

2. Hat man eine Fährte entdeckt, folgt man ihr und schaut, wo das Tier hingelaufen ist. Vielleicht landet man sogar direkt vor seinem Bau!

3. Mithilfe der Übersicht auf Seite 17 oder eines Bestimmungsbuchs versucht man zu ermitteln, zu welchem Tier die Spur gehört.

Nur nicht fallen lassen: Zapfenlauf

Vorbereitung

Alle Spieler suchen sich im Wald eine Astgabel sowie Zapfen von Kiefern, Fichten, Tannen usw. Den Ast bei Bedarf auf die Größe einer kleinen Steinschleuder zurechtbrechen. Dann wird der Anfangs- und Endpunkt einer ebenen Wegstrecke ohne Stolperfallen markiert.

Spielablauf

1. Alle Spieler nehmen ihre Astgabel in eine Hand und legen einen Zapfen in die Gabelung.

2. So laufen sie miteinander um die Wette und balancieren den Ast so, dass der Zapfen nicht herunterfällt. Man darf ihn nicht mit der anderen Hand festhalten. Wer schafft es als Erster ins Ziel?

Was ist das in meiner Hand? Fühlbeutel

Das braucht man

- Beutel oder Stofftaschen, möglichst oben mit einem Zugband zu verschließen

Vorbereitung

Der Spielleiter legt einige Waldgegenstände in den oder die Beutel (aber keine Tiere, dornige, giftige oder anderweitig gefährliche Dinge). Feuchte oder sehr weiche Teile (etwa Moos) am besten in einen Extrabeutel stecken, damit sie nicht durch harte, trockene wie zum Beispiel Steine beschädigt werden. Die anderen dürfen nicht sehen, was in die Beutel gelegt wird.

Spielablauf

1. Reihum darf jeder Mitspieler in den Beutel fassen (nicht hineinspicken!) und erfühlen, welche Gegenstände darin sind.

2. Die Kinder nennen die Dinge, die sie meinen gefühlt zu haben. Dann zieht der Spielleiter einen Gegenstand nach dem anderen heraus. Hat jemand alle Gegenstände richtig erkannt?

Treffsicher: Zapfenzielwurf

Das braucht man

- Eimer, Mützen, Halbschuhe, Tücher oder Ähnliches als Ziel

Vorbereitung

Das Ziel wird auf den Boden gestellt bzw. gelegt und in einigen Metern Entfernung davon mit einem Stock die Abwurflinie markiert.

Spielablauf

1. Alle Mitspieler sammeln Zapfen vom Waldboden auf (von Fichte, Kiefer, Douglasie oder anderen Nadelbäumen).
2. Dann versuchen sie, die Zapfen von der Abwurflinie aus in bzw. auf das Ziel zu werfen.

Wer möchte, kann daraus einen Wettbewerb gestalten. Wer landet die meisten Treffer? Man kann den Zapfenzielwurf aber auch als reines Geschicklichkeitsspiel spielen.

Tipp:
Mit den Zapfen anschließend einen Schriftzug legen, zum Beispiel „Hallo!" neben einer Bank. Wer würde da nicht gern rasten?

Exkursion in eine fremde Welt: Vollmondwanderung

Viele Tiere werden erst bei Dämmerung oder nachts aktiv. In der Nacht erleben wir den Wald wie eine fremde, andere Welt und unsere Sinne sind geschärft.

Was ist das für ein seltsamer Ruf? Was raschelt da im Unterholz? Und was ist das für ein Schatten, der plötzlich über uns hinwegfliegt?

Das braucht man
- gutes, festes Schuhwerk
- Taschenlampen für den Notfall

Spielablauf
Die Gruppe geht langsam und möglichst leise durch den Wald, und jeder achtet genau darauf, wo er hintritt. Alle lauschen den Geräuschen des Waldes, und wenn sich die Augen an die Dunkelheit gewöhnt haben, sehen sie mit der Zeit immer mehr.
Der Vollmond leuchtet normalerweise hell genug, sodass man die Taschenlampe nicht einschalten muss. Für alle Fälle muss sie aber trotzdem mit.

Mit der Becherlupe unterwegs: Krabbeltiere beobachten

Das braucht man
- Becherlupe
- eventuell eine Bestimmungshilfe für Krabbeltiere

Ablauf
1. Die Kinder suchen in der Laubstreu am Boden oder an Totholz nach Krabbeltieren.

2. Durch die Becherlupe können sie sie dann ganz genau beobachten und erforschen.

3. Wer möchte, kann die Tiere anhand der Bestimmungshilfe identifizieren und benennen.

4. Die Tierchen müssen nach eingehendem Studium wieder freigelassen werden!

Kreativ im Grünen

So, genug getobt! Jetzt wird es Zeit, dass etwas Ruhe einkehrt. Die Kleinen gehen auf Schatzsuche: hier eine Eichelhäherfeder, da eine Wurzel, die wie ein Gnom aussieht, dort ein leeres Schneckenhaus und dort drüben die Früchte der Eiche. Damit lassen sich direkt im Wald die tollsten Sachen kreieren.

Schiff ahoi! Rindenschiffchen bauen

Das braucht man

- Taschenmesser
- eventuell Holzbohrer, buntes Papier

So wird's gemacht

1. Im Wald nach Material suchen: für den Rumpf zum Beispiel ein Stück dicke Rinde von einem liegenden Stamm oder Ast (etwa Eiche) oder ein Stück Totholz, für den Mast ein kleines Zweigchen oder Stöckchen und für das Segel ein großes Blatt.

2. Mit dem Messer oder Holzbohrer ein Loch in den Rumpf bohren und den Mast hineinstecken. Danach das Baumblatt oder ein Stück buntes Papier auf den Mast stecken – und das Rindenschiffchen gleich auf einem Waldbach oder Tümpel in See stechen lassen!

Tipp:
Die kleinen Schiffsbauer können auch anderes Material zum Basteln ausprobieren.

Liebe Grüsse aus dem Wald: Waldpostkarte

Das braucht man

- weiße oder farbige Pappe oder festes Kartonpapier, etwa 16 x 12 cm
- doppelseitiges Klebeband, möglichst breit
- Schere
- Sand

So wird's gemacht

1. Vom Klebeband einen Streifen abschneiden, der so lang ist wie die Karte, und mittig aufkleben, sodass oben und unten je ein Streifen frei bleibt. Die Deckfolie noch nicht abziehen.

2. Im Wald Blätter, Tannennadeln, Blüten, Gräser, Rindenstückchen, Federn, Samenkörner usw. sammeln; das Material sollte möglichst trocken und flach sein.

3. Die Deckfolie abziehen, das Material auf der Klebefläche arrangieren und festdrücken.

4. Etwas Sand darüberstreuen, damit auch die Zwischenräume gefüllt werden. Überschüssigen Sand abschütteln.

Tipp:
Die kleinen Künstler können die Anordnung von Klebestreifen und freien Flächen nach Belieben verändern und auf dieselbe Art natürlich auch größere Karten, Poster usw. gestalten.

Meditation unter Bäumen: Waldmandala

So wird's gemacht

1. Eine freie Fläche eventuell von der Laubstreu befreien oder einen großen Baumstumpf suchen.

2. Waldmaterial wie Blätter, Blüten, Steine, Zweige usw. sammeln.

3. Von der Mitte heraus legen die Kinder abwechselnd in größer werdenden Kreisen die verschiedenen Blätter, Blüten usw. ab und arrangieren sie so, dass sich ein regelmäßiges Muster ergibt. In der Mitte kann ein besonders schönes Fundstück liegen.

Ein Mandala legen ist eine ruhige, meditative Beschäftigung, bei der alle Beteiligten mucksmäuschenstill sein sollten. Wer Lust hat, tanzt anschließend um das fertige Kunstwerk herum. Später freuen sich andere Waldbesucher an seiner vergänglichen Schönheit.

Schöner wohnen im Zauberwald: ein Haus für Zwerge

So wird's gemacht

1. Eine Wohnstätte für die Zwerge suchen: zum Beispiel ein hohler Baumstrunk, der Wurzelbereich eines großen, alten Baumes oder ein geschützter freier Platz.

2. Äste, Blätter, Holzstückchen, Steine, Rindenstückchen, Moos und anderes Waldmaterial sammeln.

3. Mit Ästen und Blättern bei Bedarf Wände und Dach bauen. Den Boden mit Moos auslegen. Für die Einrichtung Holzstückchen, Steine oder Ähnliches als Tische, Sitzbänke und Bett hineinstellen. Das Bett mit Moos polstern. Aus Früchten und Samen einen Vorrat für die Zwerge anlegen.

4. Wer möchte, kann aus Tannenzapfen Zwerge basteln und ihnen eine Zipfelmütze aus Moos aufsetzen.

Jetzt können die Zwerge einziehen! Es kann aber natürlich auch sein, dass eine kleine Haselmaus die Wichtelburg besetzt …

Ein Geschenk an die Natur: Waldbild

So wird's gemacht

1. Ein freies Stück Waldboden ohne Pflanzenbewuchs von der Laubstreu befreien.

2. Äste, Blätter, Zapfen, Früchte, Blüten, Federn usw. im Wald sammeln.

3. Aus Ästen einen Bilderrahmen legen.

4. Die Fläche im Inneren des Rahmens mit dem gesammelten Material künstlerisch gestalten. Dabei können zum Beispiel auch dreidimensionale Landschaften entstehen.

Tipp:
Am besten nimmt man eine Kamera mit und fotografiert das fertige Kunstwerk – es bleibt ja im Wald. So hat der Wald eine Erinnerung an seine Besucher und seine Besucher eine Erinnerung an ihr Kunstwerk.

Kunst am Baum: Rubbelbilder von Rinde und Blättern

Das braucht man

- weißes Papier
- bunte Wachsmalblöcke
- feste Malunterlage für die Blätterbilder

So wird's gemacht

1. Für das Rindenbild das Blatt Papier direkt an den Stamm halten und glatt streichen; die Rinde muss trocken sein.

2. Mit den Breitseiten der Wachsmalblöcke über das Papier reiben, sodass sich die Rindenstruktur darauf abzeichnet. Nicht zu fest reiben, damit das Papier nicht reißt.

3. Für das Blätterbild nicht zu filigrane Blätter vom Baum pflücken oder im Herbst vom Boden aufsammeln und mit der Blattunterseite nach oben auf die feste Unterlage legen. Die Blätter dürfen nicht nass sein. Das Papier darauflegen und mit den Wachsmalern flächig ausmalen.

4. Am Schluss schreibt man unter das Rubbelbild, welcher Baum Pate stand.

Beim Abmalen machen die Kinder die Beobachtung, dass jeder Baum seinen ganz eigenen „Fingerabdruck" oder ein eigenes „Gesicht" hat, der oder das ihn von anderen unterscheidet. Manche haben eine ganz rubbelige Rinde, etwa die Eiche, andere dagegen eine ganz glatte, etwa die Buche.

Tipp:
Damit das Papier beim Malen nicht verrutscht, kann man es am Baum mit ein paar Reißzwecken und auf der Unterlage mit Klebestreifen befestigen.

Malen mit den Farben des Waldes

Das braucht man

- ein Blatt weißes Karton- oder Aquarellpapier (DIN A4 oder A3)
- saftige, färbende Waldmaterialien: Blätter, Blüten, Blumen, Früchte (zum Beispiel Hagebutten, Holunderbeeren), leicht feuchte Erdbrocken. Achtung: Nur ungiftiges Material verwenden!
- feste Malunterlage

So wird's gemacht

1. Die Blätter usw. zerknüllen, die Früchte leicht zerquetschen.

2. Damit und mit den Erdbrocken wie mit einem Stift über das Papier reiben. Wenn die Erdbrocken trocken sind, mit etwas Wasser nur ganz leicht anfeuchten.

Mit diesen Waldfarben lassen sich abstrakte Bilder oder auch gegenständliche Motive zaubern, beispielsweise ein Wald mit Tieren. Vor allem kleineren Kindern macht es einen Riesenspaß, mit den verschiedenen Teilen zu experimentieren und zu beobachten, welche Farben dabei herauskommen: So ergeben gelbe Johanniskrautblüten überraschenderweise eine rotbraune Farbe!

BASTELTIPPS FÜR DAHEIM

Wer auf dem Waldausflug fleißig Blätter, Zapfen, Federn und andere Naturmaterialien sammelt, dem wird es auch zu Hause garantiert nicht langweilig. Aus den Fundstücken werden Kunstwerke und Basteleien, die den Wald ins Haus bringen.

Ein Stück Wald im Zimmer: das Waldmobile

Das braucht man

- Fundstücke wie knorrige Wurzeln, Federn, Zapfen, Früchte (zum Beispiel Kastanien, Bucheckern, Eicheln) usw.
- Draht (etwa 1 mm dick)
- Kneifzange
- Rundzange
- Nylonfaden oder Zwirn
- Schere

So wird's gemacht

1. Vom Draht mit der Kneifzange ein etwa 25 cm langes Stück und zwei etwa 15 cm lange Stücke abknipsen und die Enden jeweils mit der Rundzange nach unten umbiegen, sodass kleine Ösen entstehen.

2. An die Ösen der beiden kleineren Stücke je ein Stück Nylonfaden bzw. Zwirn knoten und daran je ein Fund-

stück befestigen. Die Fäden dürfen nicht zu lang sein, sonst können sich die Teile leicht verheddern.

3. Die beiden kleineren Stücke mit Zwirn oder Nylonfaden am großen Stück einhängen.

4. In der Mitte des oberen Drahts einen Faden anbringen und das Mobile mit einer Schlaufe an einem Haken an der Decke aufhängen.

Tipp:
Geübte Bastler können das Mobile vergrößern, indem sie an die kleineren Drahtstücke weitere Drähte mit Fundstücken anhängen.

Leuchtend bunt: laminierte Blätter, Blüten und Federn

Das braucht man

- trockene Blätter, Blüten und Federn
- Laminierfolie
- Laminiergerät
- eventuell buntes Papier oder Tonkarton

So wird's gemacht

1. Die Blätter und Blüten bei Bedarf pressen.

2. Blätter, Blüten und Federn in die Laminierfolie legen und im Laminiergerät laminieren. Vorsichtig entlang der Kanten ausschneiden. Oder die Teile kunstvoll auf Papier arrangieren, aufkleben und laminieren. Durch das Laminieren werden die Blätter luftdicht abgeschlossen und behalten ihre leuchtende Farbe. (Wer kein Laminiergerät hat, kann die Blätter auch im Fotokopierer kopieren.)

Tipp:
Mit laminierten Blättern und Blüten kann man auch ein Baumbestimmungsbuch basteln. Zu jedem eingeklebten Blatt den Namen des Baumes und seine wichtigsten Merkmale notieren.

Fällt aus dem Rahmen: der Waldwebrahmen

Das braucht man

- vier gerade Äste, etwa 30–40 cm lang
- Naturgarn, Bindfaden oder feste Wolle in einer Naturfarbe
- Schere
- Blätter, Grashalme, Zweige, Blumen mit Stängel, Wildkräuter, kleine Tannenzapfen und ähnliches Waldmaterial

So wird's gemacht

1. Die Äste so zu einem viereckigen Rahmen legen, dass sie an den Ecken überstehen. Die Äste an den Ecken mit dem Bindfaden bzw. der Wolle fest zusammenbinden.

2. Mit Naturgarn, Bindfaden oder Wolle zwischen dem oberen und unteren Ast der Länge nach im Abstand von etwa 1 cm Fäden spannen und verknoten. Dann die einzelnen Fundstücke einflechten oder hineinstecken, Tannenzapfen mit dem Garn festknoten.

Wer gern ein etwas festeres Kunstwerk möchte, kann zuvor noch mit Garn, Faden oder Wolle Querfäden einweben.

Tipp:
Nach demselben Muster lässt sich der Webrahmen auch mit Material aus dem Garten verzieren oder mit Schätzen, die man am Strand gefunden hat.

Kobolde, Geister und andere Waldgeschöpfe

Das braucht man

- Waldmaterial wie Wurzeln, Zapfen, Früchte, Nüsse, Moos, Ästchen, Grashalme usw.
- einfarbige Knetmasse

So wird's gemacht

Aus den Fundstücken Wichtel, Waldgeister oder Fantasietiere gestalten und die einzelnen Teile mit Knetmasse verkleben. Kastanienspinne, Wurzelkobold, Moosweibchen – wer kreiert das unglaublichste Geschöpf?

Tipp:
Die Kinder nehmen ihre Waldgestalten beim nächsten Ausflug mit in den Wald, wo sie spannende Abenteuer erleben – wetten?

IV.

Actiontage und Themenfeste

Bleiben Sie im Urlaub zu Hause und möchten mit Ihren Kindern keinen Waldausflug wie alle Tage machen, sondern einen ganz besonderen Tag im Wald verbringen? Planen Sie einen Kindergeburtstag der etwas anderen Art? Dann lassen Sie sich auf den folgenden Seiten von unseren Vorschlägen für spannende und ereignisreiche Actiontage inspirieren. Spüren Sie mit kleineren Kindern scheuen Feen und Waldgeistern nach oder lassen Sie die etwas größeren wie Indianer oder Robin Hood und seine Mannen durchs Unterholz streifen und gefährliche Abenteuer erleben. Der Sherwood Forest, pardon, die Niedersächsischen Landesforsten freuen sich auf Sie und Ihre Kinder!

Gut vorbereitet ins Abenteuer

Bevor Sie sich mit Ihren Kindern und eventuell deren Freunden ins Waldabenteuer stürzen, sollten Sie ein paar Vorkehrungen treffen, damit am Actiontag alles wie am Schnürchen läuft und keine unliebsamen Überraschungen die Freude trüben. Bevor Sie ein bestimmtes Waldgebiet ansteuern, informieren Sie am besten den zuständigen Förster und stellen sicher, dass dort an diesem Tag nicht irgendwelche Forstarbeiten stattfinden, etwa Bäume gefällt werden, oder gar eine Jagd anberaumt ist. Informationen dazu finden Sie unter www.landesforsten.de.

Planen Sie die Wegstrecke so, dass sie für jeden Teilnehmer, auch den kleinsten, problemlos zu bewältigen ist; denken Sie dabei nicht nur an die reine Weglänge, sondern auch an Steigungen (weitere Tipps im Kapitel Survivaltipps, siehe Seite 181). Wählen Sie ein Waldgebiet, das möglichst viel Abwechslung bietet: unterschiedliche Baumarten und Geländebeschaffenheit, tolle Ausblicke, knorrige alte Bäume, Felsen, Gewässer und andere Besonderheiten. Schauen Sie sich das Waldstück vorher an und überlegen Sie sich, wo Sie die Strecke abkürzen können, falls eines der Kinder schlappmacht oder streikt. Denken Sie sich auch geeignete Alternativen aus für den Fall, dass am Actiontag etwas Unvorhergesehenes dazwischenkommt oder Sie bei schlechtem Wetter eine Aktion für drinnen aus dem Hut zaubern müssen.

Und dann kann's an die konkrete Planung gehen. Wählen Sie das Thema des Actiontages und einzelne Aktivitäten immer so aus, dass sie dem Alter der Kinder angemessen sind. Ganz kleine Kinder etwa sind mit dem Basteln eines Traumfängers überfordert, weil ihnen die Fingerfertigkeit dazu fehlt. Holen Sie die Kinder dort ab, wo sie mit ihrem Wissen und ihren Fähigkeiten stehen, dann können Sie sicher sein, dass sie nicht über- oder unterfordert werden und ihren größtmöglichen Spaß haben. Beschränken Sie sich auf das Wesentliche; versuchen Sie auch nicht, alles bis ins letzte Detail zu erklären, sonst hören die kleinen Akteure bald nicht mehr zu. Zeigen und erklären Sie im Wald nur das, was die Kinder tatsächlich sehen, anfassen, riechen, mit anderen Worten selbst erfahren und erleben können. Alles Weitere würde sie nur mit Wissen überfrachten, mit dem sie im Moment nichts anfangen können. Ganz wichtig ist auch, dass die Aktionen einen Namen oder ein Motto bekommen. Wenn sich ein roter Faden durch alle Spiele und Aktivitäten zieht, sind die Kinder gespannt, was wohl als Nächstes kommt, und sie tauchen leichter in die besondere Actionwelt ein. Und mit Sicherheit werden sie sich später noch lebhafter an den Tag erinnern.

Holen Sie die Kinder dort ab, wo sie mit ihrem Wissen und ihren Fähigkeiten stehen, und überfordern Sie nicht. So macht ihnen der Tag im Wald Spaß!

Was muss mit?

Planen Sie ein, wie viel Essen und Getränke Sie für die jeweilige Anzahl Teilnehmer für den ganzen Tag brauchen oder lassen sie jeden seine eigene Verpflegung mitbringen. Packen Sie unbedingt ein Erste-Hilfe-Kit ein und denken Sie an robuste, wetterfeste Kleidung wie lange Hose, festes Schuhwerk, Kopfbedeckung und Regenschutz. (Tipps, was genau in das Erste-Hilfe-Kit gehört und wie

man sich im Wald am besten kleidet, finden Sie ebenfalls im Kapitel Survivaltipps auf Seite 183.)

Stellen Sie sich vor, Sie stehen im Wald und haben etwas Wesentliches vergessen, ohne das sich eine bestimmte Aktion nicht durchführen lässt. Peinlich, oder? Machen Sie sich also eine Liste mit allen Dingen, die Sie für die einzelnen Aktionen benötigen, und haken Sie nacheinander ab, was Sie eingepackt haben. Und damit Sie den Kleinen auch keine Antwort schuldig bleiben, wenn die wissen möchten, welche Pflanze da so eigentümlich riecht, welches Tier durchs Laub raschelt und welcher Vogel sein Liedchen singt, nehmen Sie auch ein gutes Bestimmungsbuch mit, etwa den Kosmos-Naturführer. Eine Becherlupe ist ein tolles und überaus nützliches Instrument, um beispielsweise Krabbeltiere genauer beobachten und erforschen zu können. Man bekommt sie günstig im Handel oder über das Internet.

Und zu guter Letzt: Was man in den Wald hineingetragen hat, nimmt man auch wieder mit hinaus. Der Wald ist zwar ein Meister im Recyceln von eigenen Abfallstoffen wie altem Laub, toten Tieren oder abgestorbenem Holz, Plastiktüten, Getränkedosen oder Orangenschalen aber sind Fremdkörper und werden von der fleißigen tierischen Müllabfuhr nicht abgeholt.

Tipps zur Gestaltung

Die folgenden Tagesaktionen sind Vorschläge und müssen keinesfalls ein Punkt nach dem anderen „abgearbeitet“ werden. Sie können jederzeit den Ablauf ändern, einzelne Aktionen streichen oder durch andere ersetzen. So eignet sich der Lederbeutel, den die Kinder für ihr Robin-Hood-Abenteuer basteln, auch gut als Utensil für Indianer. Man muss ihn nur in das jeweilige Themengebiet einbinden. Sie können ferner ganz neue Aktionen aufnehmen bzw. einzelne Aktionen abkürzen oder ausdehnen, je nachdem, wie viele Teilnehmer mitmachen, wie viel Zeit Sie noch haben oder wie viel Lust die Mitspieler. Seien Sie flexibel und gestalten Sie den Tag so, wie er für die Kinder am schönsten ist!

Legen Sie regelmäßig kleine Pausen ein. Die sind wichtig, damit die Kleinen nicht von einem Programmpunkt zum nächsten hetzen, sondern das, was sie erlebt und erfahren haben, gedanklich auch verarbeiten können. Überhaupt sollte man sich nicht verleiten lassen, allzu viel in den Tag zu packen. Weniger ist definitiv mehr. Schließen Sie sämtliche Aktionen richtig ab und lassen Sie die Kinder anschließend darüber sprechen. Verzichten Sie lieber auf den ein oder anderen Punkt, als die Kinder unter Druck zu setzen. Sonst sind sie am Abend nur ausgepowert und sehen keinen Zusammenhang mehr in dem, was sie getan haben. Und davon haben weder die Kinder noch Sie was. Achten Sie auch darauf, dass sich lebhafte und ruhige Aktionen abwechseln. Bei den lebhaften können die Kinder ihren Bewegungsdrang nach Herzenslust ausleben, aber ebenso wichtig ist es, danach durch ruhige Aktivitäten, in denen sie Dinge bewusst beobachten oder wahrnehmen sollen, wieder „runterzukommen“. Sollten Sie also bestimmte Punkte streichen müssen, weil die Zeit nicht mehr reicht, achten Sie darauf, dass kein Ungleichgewicht entsteht.

Packen Sie nicht zu viel Aktion in den Tag. Weniger ist definitiv mehr.

Haben Ihre Kinder weder mit Robin Hood noch mit Indianern oder Waldfeen was am Hut? Kein Problem. Dann spielen Sie Wikinger, die die Neue Welt erobern, Naturkundler, die einen fremden Kontinent erforschen, Zigeuner, Piraten, Detektive … Sie brauchen nur ein bisschen Fantasie – und die haben engagierte Eltern, Tanten oder Großeltern doch, oder?

Im Folgenden haben wir für Sie und Ihre Kinder den Ablauf verschiedener Action-Days zusammengestellt. Einzelne Programmpunkte sind bereits im Kapitel Spaß und Spiele ausführlich beschrieben. Ein Verweis führt Sie auf die jeweilige Seite. Die Teilnehmerzahl ist bei den meisten Spielen und Aktionen beliebig. Eine Mindest- oder Maximalzahl ist nur dort angegeben, wo es nötig ist. Denken Sie daran, immer wieder Pausen nach Bedarf einzulegen.

Im Zauberreich der Zwerge, Elfen und Feen

Gerade für die Kleinsten ist der Wald ein magischer Ort, an dem die wundersamsten Kreaturen hausen. Wo die Großen nur eine knorrige Wurzel oder einen unscheinbaren Falter sehen, erblicken sie Kobolde oder gute Feen, die sie vielleicht zu verborgenen Schätzen führen oder vor lauernden Gefahren warnen. Erwecken Sie bei einem Tag im Märchenwald zusammen mit Ihren Kindern die scheuen Zauberwesen zum Leben!

Die Pfeifwichtel werden wach

Zeitbedarf: etwa 10 Minuten

Spielidee

Die Kinder sind Pfeifwichtel, die im Wald leben und jeden Morgen zum Munterwerden ein bestimmtes Ritual durchführen. Das Kreisspiel stimmt die Kinder auf den Erlebnistag im Zauberwald ein und lockt auch die schüchterneren aus der Reserve.

Spielablauf

- Alle stellen sich im Kreis auf und der Spielleiter erzählt die Geschichte vom Morgenritual der Pfeifwichtel. Dabei verwendet er häufig das Wort „Pfeifwichtel“ und legt je nach Bedarf kurze Erzählpausen ein.

- Die Kinder müssen gut aufpassen, denn jedes Mal, wenn der Spielleiter „Pfeifwichtel“ sagt, sollen alle pfeifen. Außerdem machen die Kinder genau das, was die Pfeifwichtel jeden Morgen tun, sie reiben sich die Augen usw.

Das Morgenritual der Pfeifwichtel

Wenn die Pfeifwichtel morgens in ihrer Höhle im Wald aufwachen, reiben sie sich erst einmal ganz fest die Augen und schauen sich um. Dann strecken und recken sich die Pfeifwichtel ausgiebig. Um noch munterer zu werden, hüpfen die Pfeifwichtel ein bisschen auf der Stelle, erst leicht, dann immer ausgelassener. Dann schütteln die Pfeifwichtel den ganzen Körper kräftig durch. Wenn sie wieder stillstehen, klopfen die Pfeifwichtel den ganzen Körper von oben bis unten mit den Händen ab: Das tut gut! Jetzt sind die Pfeifwichtel richtig munter und bereit für die spannenden Erlebnisse, die an diesem Tag auf sie warten. Doch halt, etwas fehlt noch, denn sie wollen den Tag ja mit all den anderen Pfeifwichteln verbringen. Deshalb begrüßen sie die Pfeifwichtel zu ihrer Rechten und zu ihrer Linken, indem sie ihnen ganz kräftig die Hände schütteln und „Guten Morgen, lieber Pfeifwichtel!“ sagen.
Pfeifwichtel, die sich besonders gern mögen, können sich natürlich auch knuddeln.

Zwergenlager

Zeitbedarf: etwa 20–30 Minuten

Spielidee

Ein Tag im Wald ist lang und ereignisreich. Deshalb brauchen die Kinder einen Treffpunkt, an den sie immer wieder zurückkehren und Pause machen können. Dazu bauen sie gemeinsam ein Lager. Hier wird Wichtiges besprochen, werden Spiele erklärt und tauschen die Kinder ihre Erfahrungen aus. Außerdem kann man im Lager gut die Rucksäcke, Verpflegung und übriges Material deponieren.

Vorbereitung

Der Spielleiter wählt einen geeigneten Platz aus, der möglichst eben und wenig bewachsen ist. Drumherum sollte genug Raum zum gefahrlosen Toben und Spielen sein und es sollten ausreichend Zweige oder Stöcke herumliegen.

Anleitung

Die Kinder suchen sich auf dem Waldboden je einen Ast oder Stock. Sie stellen sich im Kreis auf und legen ihren Stock vor sich auf dem Boden ab. Dann sammeln die Kinder so viele Äste (aber möglichst keine langen und dicken) und schichten sie auf die anderen, bis eine Art Rundsofa entstanden ist, auf das sie sich bequem setzen können. Wenn der Boden nass oder kalt ist, kann man auch Isomatten oder Ähnliches auf die Äste legen.

Der Bau des Zwergenlagers ist eine Gemeinschaftsaktion, bei der die Kinder erfahren, wie wichtig und effektiv die Zusammenarbeit in einem Team ist. Auf ihr Werk können sie stolz sein – und wenn die Kinder längst zu Hause in ihren Betten liegen und von ihrem aufregenden Tag im Zauberwald träumen, hat vielleicht schon ein Igel oder ein anderes Waldtier das Zwergenlager für sich entdeckt.

Ich bin ein Zwerg! Oder eine Elfe, eine Fee …

Zeitbedarf: etwa 45 Minuten

Spielidee

Um den geheimnisvollen Bewohnern des Zauberwaldes näherzukommen und ganz in ihre magische Welt einzutauchen, verkleiden sich die Kinder als Zwerge, Kobolde, Feen oder Elfen. Indem sie in diese Rollen schlüpfen und sich damit identifizieren, wird ihre Fantasie angeregt, und sie entdecken bestimmt noch mehr Zauberwesen oder ihre Spuren, die diese im Wald hinterlassen haben.

Das braucht man

- Stoffreste oder alte Bettlaken, die zu Umhängen zurechtgeschnitten sind
- Schnur oder Lederbänder zum Festbinden der Umhänge und der Verzierungen
- Klebestifte und doppelseitiges Klebeband
- Schere

Spielablauf

- Der Spielleiter erklärt den Kindern, warum sie sich verkleiden: Sie werden selbst zur Elfe, Fee oder zum Zwerg.
- Jedes Kind sucht im Wald nach Gegenständen, mit denen es seinen Umhang verzieren kann, etwa Blätter, kleine Äste oder Blümchen (aber keine geschützten Blumen pflücken!).
- Die gesammelten Waldmaterialien klebt oder bindet es an seinen Umhang.
- Die Kinder basteln mit den Waldmaterialien einen Kopfreif mit kleinen Ästen und/oder Blumen oder einen anderen Kopfschmuck. Sollte das Verzieren der Umhänge zu schwierig sein, können sich die Kinder von den Erwachsenen helfen lassen.

Wo wohnen die Zwerge?

Zeitbedarf: etwa 20–30 Minuten

Das braucht man

- Taschenspiegel für jedes Kind

Spielablauf

Der Spielleiter erzählt den Kindern, dass im Zauberwald Zwerge hausen. Aber wo wohnen sie wohl? Gemeinsam machen sich Kinder und Erwachsene auf die Suche nach den Wichtelwohnungen. Mit den Spiegeln bewaffnet schauen die Kinder unter Wurzeln, in morsche Baumstubben, unter Ästehaufen, in Erdlöcher und wo die Knirpse sonst noch hausen könnten. Das Spiel fördert die Fantasie und nebenbei entdecken die Kinder Dinge, die sie sonst vielleicht gar nicht wahrgenommen hätten. Nicht ausgeschlossen, dass auch ein Zwerg darunter ist!

Der Duft von Zwergen, Elfen und Feen

Zeitbedarf: etwa 15–20 Minuten

Spielidee

Die Teilnehmer sind Mitglieder verschiedener Familien. Es gibt die Zwergenfamilie, die Feenfamilie und die Elfenfamilie. Jede hat ihren ganz eigenen, typischen Geruch, an dem sich die einzelnen Mitglieder, ähnlich wie die Tiere, erkennen. Doch die Familien haben sich im Wald verloren. Um ihre Familie wiederzufinden, müssen die Kinder ihrer Nase nachgehen.

Das braucht man

- undurchsichtige Behälter mit Deckel, etwa Filmdosen (für jeden Mitspieler eine)
- duftende Waldmaterialien wie Bärlauch, Waldmeister, Fichtennadeln, Brombeeren, Kamille, Waldboden
- eventuell Maggi und Watte

Vorbereitung

Zu Hause sticht der Spielleiter kleine Löcher in die Deckel der Behälter. Mindestens jeweils zwei davon (oder mehr, je nachdem, wie viele Mitglieder eine Familie hat) füllt er dann im Wald mit Material, das einen deutlich wahrnehmbaren Duft verströmt. Eventuell kann er ein Dosenpaar zu Hause mit Wattebäuschen bestücken und diese mit Maggi beträufeln – ein etwas deftiger Geruch, den vielleicht eine bestimmte Zwergenfamilie an sich hat.

Spielablauf

1. Der Spielleiter verteilt die Dosen an die Kinder. Die Zwerge bekommen eher einen strengen, die Feen und Elfen einen angenehmen, lieblichen Duft.

2. Die Kinder vergleichen ihren Duft mit dem Duft der anderen Teilnehmer und finden so die restlichen Mitglieder ihrer Familie.

3. Wenn sich alle Familien gefunden haben, dürfen die Kinder raten, was in ihren Döschen so stark duftet, und dann nachschauen, ob sie richtig lagen.

Waldgeräusche wahrnehmen

Zeitbedarf: etwa 10–15 Minuten

Zwerge und Co. kennen ihren Zauberwald und seine typischen Geräusche ganz genau. Auch die Kinder sollen die Ohren spitzen und hören, was die Märchenwesen hören. Dazu treffen sie sich beim Zwergenlager und machen es sich bequem. Spielbeschreibung siehe Seite 149.

Mittagspause

Dauer: nach Lust und Bedarf

Die Kinder haben Gelegenheit, die Umgebung auf eigene Faust und ohne ein spezielles Spiel zu entdecken. Dabei können sie auch die gesammelten Eindrücke des Vormittags verarbeiten.

Eichhörnchenspiel

Die Zwerge und Zauberwesen leben nicht allein im Wald, sie haben viele tierische Mitbewohner, das possierliche Eichhörnchen zum Beispiel. Spielbeschreibung siehe Seite 119.

VERZAUBERTE BÄUME: FANTASIEGESICHTER

Zeitbedarf: etwa 25–35 Minuten

Das braucht man

- gut haftende und formbare Lehm- oder Tonerde oder selbst gemachte Knete (Rezept siehe Seite 154)
- Eimer
- Wasser
- Gießkanne zum Händewaschen

Vorbereitung

Die selbst gemachte Knete wird vorab zu Hause hergestellt. Wird im Wald Lehm- oder Tonerde benutzt, muss sie in einem Eimer mit etwas Wasser zu einer zähen, geschmeidigen Masse vermischt werden; ein dicker Ast hilft beim Umrühren. Denken Sie daran, genügend Wasser zum Händewaschen übrig zu lassen!

Spielablauf

1. Die Kinder sammeln verschiedene Waldmaterialien: Aststückchen, Blätter, Kiefern- und Fichtenzapfen, Kastanien, Eicheln, Steinchen, Rindenstückchen, Moos, Blümchen usw.

2. Aus der angerührten Tonerde oder Knete formen sie das Gesicht eines Zwergs, Gnoms, einer Fee, Elfe oder einer Märchenfigur und drücken es dann mit der Rückseite fest an einen Baumstamm.

3. Das gesammelte Material wird so hineingesteckt, dass das Gesicht Mund, Augen, Nase, Ohren und Haare bekommt.

4. Sind alle Baumgesichter fertig, begutachten die Kinder die einzelnen Gesichter. Wenn sie mögen, können die kleinen Künstler etwas über ihr Geschöpf erzählen und ihm einen Namen geben.

Tipp:
Die Baumgesichter kann man fotografieren, sodass jedes Kunstwerk noch Bestand hat, wenn das Lehmgesicht schon längst zerflossen und wieder Teil des Waldkreislaufs geworden ist. Baumgesichter aus Knete sollte man entfernen.

Selbst gemachte Knete

Eine einfache Knete lässt sich leicht selbst herstellen. Die Zutaten dazu gibt in der Regel die Küche her.

Zutaten für 500 g Knete:

- 200 g Mehl
- 65 g Kochsalz
- 1 EL Zitronensäure
- 2–3 EL Speiseöl
- flüssige Lebensmittelfarbe

Herstellung

Das Mehl mit Salz und Zitronensäure vermischen. In einem kleinen Topf 200 ml Wasser und das Öl zum Kochen bringen und die Lebensmittelfarbe einrühren. Die Mehl-Salz-Mischung einrühren und alles gut vermengen. Sollte die Masse noch nicht die gewünschte Konsistenz haben, nach Bedarf weiteres Wasser, Öl oder Mehl unterrühren. Die Knete in ein luftdicht schließendes Gefäß, etwa ein Gurkenglas, füllen. Sie ist im Kühlschrank ein paar Wochen haltbar und kann danach einfach kompostiert werden.

Schau genau: Was gehört da nicht hin?

Zeitbedarf: etwa 10–15 Minuten

Jemand hat im Reich der Zwerge, Elfen und Feen Dinge verloren, die dort nichts zu suchen haben. Die Kinder sollen sie finden. Spielbeschreibung siehe Seite 122.

Mein Schatz aus dem Zauberwald

Zeitbedarf: etwa 20–30 Minuten

Spielablauf

1. Die Kinder durchstreifen den Wald auf der Suche nach ihrem ganz besonderen Waldschatz. Das kann etwas sein, was ein Zwerg oder eine Fee braucht, muss aber auch nichts mit dem Themenkreis Märchenwald zu tun haben. Die Schätze dürfen nur so groß sein, dass die Kinder sie leicht nach Hause tragen können. Blumen oder Pflanzen sowie lebende Tiere sind tabu!

Aber das ist kein Problem, denn im Zauberwald haben Wichtel und Heinzelmännchen jede Menge anderer Schätze versteckt. Es muss ja nicht gerade der Topf voll Gold am Ende des Regenbogens sein …

2. Zum Schluss treffen sich alle Kinder wieder im Zwergenkreis, zeigen ihren Schatz und erzählen den anderen, warum er für sie etwas ganz Besonderes ist.

Bei diesem Spiel können die Kinder ihren Bewegungsdrang ausleben und es schärft den Blick für die Details des Waldes. Die gefundenen Schätze sind eine schöne Erinnerung an den Tag im Zauberwald.

Tipp:
Die Kinder können ihre Schätze, die in diesem Fall alle in eine geschlossene Faust passen müssen, hinter ihrem Rücken vom einen zum andern wandern lassen und dabei die einzelnen Gegenstände befühlen. Was ist das für ein stacheliges Etwas und warum kitzelt jenes Ding so lustig? Sobald jeder wieder seinen Schatz in Händen hält, wird er hergezeigt.

Gemütlicher Ausklang

Einmal ist jeder noch so erlebnisreiche Tag im Wald zu Ende. Doch bevor die Kinder die Zwerge und Feen wieder in ihrem Reich zurücklassen und in ihre eigene Welt heimkehren, sollten sie noch Gelegenheit bekommen, sich über die Erlebnisse des Tages auszutauschen und zur

Ruhe zu kommen. Am Lagerfeuer, mit einem frisch gebackenen Stockbrot in der Hand, kann der Tag ausklingen. Wer kein Lagerfeuer macht, versammelt die Kinder zum Schluss noch einmal im Zwergenlager und erzählt bzw. liest ihnen eine Geschichte oder ein Märchen vor, das zum Thema Zwerge, Elfen und Feen passt.

Das braucht man

- Stockbrotteig (Rezept siehe Kasten)
- lange, nicht zu dünne Stöcke, etwa 150 cm lang (für jeden Teilnehmer einen)
- Messer
- Wasser zum Ablöschen der Feuerstelle
- eine vorher ausgewählte Geschichte oder ein Märchen

Vorbereitung

Wenn man ein Lagerfeuer machen möchte, sollte man vorher mit dem Revierförster klären, ob das an einem Grillplatz oder einer dafür vorgesehenen Grillhütte möglich ist. Anderswo ist es verboten, ein Feuer anzuzünden. An der Feuerstelle suchen dann alle Teilnehmer herumliegende Äste und anderes Brennmaterial. Die Stöcke für das Stockbrot werden am oberen Ende mit dem Messer geschält und angespitzt.

Stockbrot am Lagerfeuer

Jedes Kind bekommt etwas Teig und rollt ihn zu einem etwa 15 cm langen Stück. Dann wickelt es ihn um die Spitze seines Stockes. Achtung: Die Stöcke müssen lang genug sein, damit die Kinder dem Feuer nicht zu nahe kommen! Die Kinder halten ihr Stockbrot ins Feuer und backen es in etwa 5 Minuten schön knusprig, wobei sie den Stock immer wieder etwas drehen. Das Brot sollte nicht zu dunkel werden oder verbrennen. Sobald es etwas abgekühlt ist, wird es direkt vom Stock gegessen. Ein rechter Schmaus für Zwerge und Waldkobolde!

Selbstverständlich können Sie sich auch einen anderen Abschluss des Thementages ausdenken, etwa ein zünftiges Picknick auf einer schönen Lichtung oder ein Grillabend im eigenen Garten mit anschließender Übernachtung im Zelt – und zum Frühstück gibt's Waldbeermarmelade!

Stockbrot

Zutaten für 10 Personen

- 800 g Mehl
- 1 TL Salz
- 4 TL Backpulver
- 100 g Margarine oder Butter
- 250 ml Milch

Zubereitung

Das Mehl in eine Schüssel sieben, Salz und Backpulver hinzufügen und vermischen. Margarine oder Butter unter das Mehl kneten, bis ein krümeliger Teig entstanden ist. Die Milch zugießen und so lange weiterkneten, bis der Teig fest wird, aber noch geschmeidig ist.

Das Grundrezept lässt sich nach Belieben mit klein gehackten Kräutern, Knoblauch oder Zwiebeln, Speck- oder Schinkenstückchen abändern, aber auch mit etwas Zucker versüßen.

Robin Hood und seine Gefährten im Landesforst

Einmal wie Robin Hood und seine Gefährten frei und ungebunden durch die Wälder des Sherwood Forest ziehen, des Königs Wild schießen und für Gerechtigkeit kämpfen – mit dieser Action-Idee werden Sie garantiert Begeisterung hervorrufen. Denn welches Kind wollte nicht mal gern in der Haut bzw. dem Wams des berühmten Räuberhelden und geschicktesten Bogenschützen weit und breit stecken!

Die Tiere des Sherwood Forest

Zeitbedarf: etwa 20–30 Minuten

Spielidee

Zur Einstimmung auf einen Tag voller Action und Abenteuer möchte Robin Hood herausfinden, was die Kinder über die Tiere des Waldes wissen.

Vorbereitung

Der Spielleiter stellt zu Hause für jedes Tier, das erkannt werden soll, eine Karte mit ein paar charakteristischen Eigenschaften zusammen, etwa für Milan, Mäusebussard, Eichelhäher, Rotfuchs, Hirsch, Erdkröte, Fledermaus, Eichhörnchen, Wildschwein oder Igel. Interessante Fakten zu den Tieren finden Sie im Kapitel „Die Tiere des Waldes" oder in einem Tierbestimmungsbuch.

Spielablauf

1. Der Spielleiter stellt sich als Robin Hood vor und wendet sich an die Kinder, die mit ihm im Wald leben wollen: „Wer will mit mir in meinem Wald leben? Er ist voller Überraschungen und wir wollen darin Abenteuer erleben, spielen und ihn erforschen. Doch wer mein Gefolgsmann oder meine Gefolgsfrau werden möchte, muss sich gut mit den Tieren des Waldes auskennen. Um herauszufinden, wie gut ihr über die Waldbewohner Bescheid wisst, möchte ich mit euch als Erstes ein Tierrätsel machen."

2. Der Spielleiter trägt von der ersten Tierkarte eine Eigenschaft nach der anderen vor.

3. Sobald ein Kind meint, dass es das Tier erraten hat, legt es den Finger an die Nase. Wenn es beim nächsten Hinweis unsicher wird, ob es noch das richtige Tier meint, umfasst es mit Daumen und Zeigefinger sein Ohrläppchen.

4. Hat der Spielleiter alle Eigenschaften des Tieres vorgetragen, dürfen alle Kinder zusammen laut den Namen des Tieres aussprechen.

5. Auf diese Art werden alle Tierkarten durchgegangen.

6. Am Schluss stellt Robin Hood zufrieden fest, dass alle Kinder hervorragend geeignet sind, mit ihm in seinem Wald zu leben.

Räuberlager im Sherwood Forest

Das selbst gebaute Räuberlager ist die Einsatzzentrale, in der Robin Hood und seine Mannen ihre Aktionen besprechen, und der Rast- und Ruheplatz, an dem sie sich zwischendurch erholen.
Anleitung siehe „Zwergenlager" auf Seite 149.

Beispiel für eine Tierkarte

Waldohreule

- *Ich bin ein Waldvogel.*
- *Ich esse am liebsten Mäuse.*
- *Mein Gefieder ist gelbbraun gefärbt mit dunklen Flecken.*
- *Ich kaue meine Beute nicht, sondern schlucke sie in einem Happs hinunter.*
- *Ich brüte meine Jungen in verlassenen Nestern von Krähen und Elstern aus.*
- *Ich kann über die rechte Schulter schauen, wenn ich meinen Kopf nach links drehe.*
- *Ich habe große runde, ganz starre Augen.*
- *Ich gleite lautlos durch die Nacht.*
- *Ich habe zwei Federohren am Kopf.*

Der Beutel der Gefährten

Zeitbedarf: etwa 20–30 Minuten

Das braucht man

- Lederreste, pro Beutel etwa 25 x 25 cm
- Lochzange
- dünne Lederriemen oder Schnur
- Scheren oder Messer
- eventuell Kleber

So wird's gemacht

1. Die Kinder zeichnen einen Kreis mit etwa 25 cm Durchmesser auf die Rückseite des Lederstücks und schneiden ihn aus.

2. Mit der Lochzange stanzen sie in einem Abstand von etwa 3 cm ringsherum Löcher in das Leder. Sie sollten knapp 1 cm vom äußeren Rand liegen.

3. Durch die Löcher ziehen sie einen Lederriemen bzw. ein Stück Schnur.
4. Der Beutel kann anschließend nach Belieben etwa mit Waldgegenständen beklebt und verziert werden.

In diesem Lederbeutel können Robin Hoods Leute ihre gesammelten Schätze und andere wichtige Dinge verstauen. Der Beutel ist auch nach dem Action-Day gut zu gebrauchen und erinnert seine Besitzer an ihr abenteuerliches Leben als Gefährten von Robin Hood.

Wald-Memory

Zeitbedarf: etwa 15–20 Minuten

Spielbeschreibung siehe Seite 123. Als Sammelbehälter dienen im Sherwood Forest die selbst gebastelten Lederbeutel (siehe oben).

Treffsicher im Wald

Zeitbedarf: etwa 15 Minuten

Spielidee

Die Gefolgsleute von Robin Hood müssen selbst ihr Essen jagen und sich gegen die Soldaten des Sheriffs von Nottingham verteidigen. Deshalb ist es überlebenswichtig, dass sie gut treffen können. Ihre Treffsicherheit müssen sie regelmäßig üben.

Vorbereitung

Der Spielleiter sucht einen Baum aus, den die Kinder mit Zapfen treffen sollen, und markiert die Abwurfstelle in einer Entfernung von 5–10 m mit einem Ast. Je nach Alter und Treffsicherheit kann die Entfernung verkürzt oder verlängert werden.

Spielidee

Die Gefolgsleute von Robin Hood müssen selbst ihr Essen jagen und sich gegen die Soldaten des Sheriffs von Nottingham verteidigen. Deshalb ist es überlebenswichtig, dass sie gut treffen können. Ihre Treffsicherheit müssen sie regelmäßig üben.

Spielidee

1. Die Mitspieler sammeln reichlich Fichten- und Kiefernzapfen und legen sie etwa 10 m hinter der Abwurfstelle auf den Boden.

2. Dann stellen sie sich etwa 20 m hinter der Abwurfstelle auf.

3. Der erste Mitspieler läuft los, nimmt sich einen Zapfen aus dem Zapfenlager, läuft damit bis zur Wurfmarkierung und versucht den Baum zu treffen. Auf dem Rückweg nimmt er einen Zapfen von der Sammelstelle mit und übergibt diesen dem nächsten Werfer.

4. Dieser läuft direkt zur Abwurflinie und versucht den Baum zu treffen. Auch er nimmt auf dem Rückweg wieder einen Zapfen mit. Alle folgenden Mitspieler machen es genauso. Wenn kein Zapfen mehr im Lager ist, ist das Spiel beendet. Man kann aber auch eine bestimmte Spieldauer festlegen.

Variante

Bei vielen Mitspielern kann man zwei Teams bilden, die gegeneinander spielen. Bei diesem Wurfwettbewerb zählt der Spielleiter die Anzahl der Treffer.

Mittagspause

Dauer: nach Lust und Bedarf

Die Kinder haben Gelegenheit, die Umgebung auf eigene Faust und ohne ein spezielles Spiel zu entdecken. Dabei können sie auch die gesammelten Eindrücke des Vormittags verarbeiten.

Hören wie ein Waldläufer

Zeitbedarf: etwa 20 Minuten

Spielbeschreibung siehe „Waldgeräusche-Memory“ auf Seite 113. Anders als dort beschrieben, spielt man das Spiel so, dass jedes Kind, das ein Dosenpaar richtig erkennt, dieses bei sich behält und noch einen Versuch frei hat. Gewinner ist, wer am Schluss die meisten Dosenpaare hat.

Fit fürs Leben im Sherwood Forest

Zeitbedarf: etwa 10 Minuten

Spielidee

Um im Wald überleben zu können, müssen Robin Hoods Mannen nicht nur die Tiere und Pflanzen des Waldes kennen, einen guten Hörsinn entwickeln und treffsicher sein, sie müssen auch körperlich fit sein. Ihr Fitnessstudio ist natürlich der Wald. Spielbeschreibung siehe „Purzelbaum hangaufwärts“ auf Seite 120.

Auf den Spuren der Waldtiere

Zeitbedarf: etwa 30 Minuten, plus etwa 1 Stunde zum Aushärten

Spielidee

Ein Waldläufer weiß, von welchem Tier eine Fährte stammt, die er im Waldboden entdeckt. Auch die Kinder sollen lernen, Tierspuren zu entdecken und dem jeweiligen Tier zuzuordnen.

Vorbereitung

Damit diese Aktion ein Erfolg wird, sollte man schon im Vorfeld das Gebiet nach Tierspuren absuchen. Fündig wird man besonders an Stellen mit feuchtem, etwas matschigem Boden. Sicher hat auch der zuständige Förster einen heißen Tipp.

Das braucht man

- Gips
- alte Plastikbecher (für jeden Teilnehmer einen)
- Wasser
- kleine Äste zum Anrühren
- Pappstreifen, etwa 45 cm lang und 5 cm breit (für jeden Teilnehmer einen)

- Stift und Büroklammern
- Mülltüte für die Abfälle (wieder mitnehmen!)

Spielablauf

1. Der Spielleiter führt die Kinder zu der Stelle, an der er im Vorfeld Tierspuren ausgemacht hat, und lässt sie die Kinder entdecken.

2. Gemeinsam versuchen alle herauszufinden, von welchem Tier die Fährte stammen könnte. Dabei hilft die Tabelle „Tierspuren und Losung" auf Seite 17 und/oder ein Naturführer.

3. Der Spielleiter beschriftet jeden Pappstreifen mit dem Namen eines Kindes und heftet ihn an den beiden Enden mit der Büroklammer zu einem geschlossenen Kreis zusammen.

4. Die Kinder rühren in ihren Plastikbechern Gips und Wasser mit einem kleinen Ästchen zu einem Brei an.
5. Die Kinder legen ihren Pappstreifen um eine besonders schöne Spur und füllen den Gips so hinein, dass er gut in den Abdruck fließt.

6. Wer möchte, kann noch vorsichtig Waldmaterialien wie Blätter oder Früchte in die Gipsoberfläche drücken oder mit einem kleinen Ast ein Muster oder sonstige Verzierung einritzen.

Die Gipsabdrücke brauchen etwa eine Stunde zum Aushärten. Sie werden vor der Abschlussaktion des Aktionstages abgeholt und die Kinder können sie mit nach Hause nehmen.

Gut getarnt überleben

Zeitbedarf: etwa 20–30 Minuten

Spielidee

Bei diesem Spiel sollen die Kinder erkennen, wie Tarnung im Wald funktioniert und wie wichtig sie ist.

Das braucht man

- beliebige Anzahl Bonbons mit brauner Hülle (zählen!) sowie sechs mit gelber Hülle (oder einer anderen Signalfarbe)
- Tierbestimmungsbuch

Vorbereitung

Der Spielleiter nimmt fünf Bonbons aus ihrer gelben Verpackung und wickelt stattdessen kleine Kieselsteine ein. Dann verteilt er die braunen Bonbons, das gelbe Bonbon und die fünf präparierten „Bonbons" auf einer etwa 25 m langen Wegstrecke. Die Strecke muss so beschaffen sein, dass darin die braunen Bonbons gut getarnt und nur schwer zu entdecken sind.

So wird's gemacht

1. Der Spielleiter erklärt, dass Robin Hoods Gefolgsleute eine weitere Fähigkeit besitzen müssen, die für das Überleben im Sherwood Forest wichtig ist. Was das ist, sollen die Kinder selbst bei diesem Spiel herausfinden. Er erklärt den Kindern, dass sie beim Abgehen der Strecke auf kleine Dinge achten sollen, die nicht in den Wald gehören und verschiedene Farben haben.

2. Dann geht jedes Kind einzeln die Strecke ab und zählt dabei, wie viele braune und wie viele gelbe Bonbons es gesehen hat. Das darf maximal fünf Minuten dauern und die Bonbons dürfen auf keinen Fall mitgenommen werden.

3. Am Ende der Strecke sagt jedes Kind dem Spielleiter, wie viele braune und wie viele gelbe Bonbons es entdeckt hat. Dann gehen alle zusammen noch einmal den Weg ab und jeder nimmt die Bonbons mit, die er findet.

4. Zuletzt werden alle eingesammelten Bonbons gezählt und der Spielleiter klärt auf, wie viele der jeweiligen Farbe versteckt waren.

Die Kinder erkennen bei diesem Spiel, dass Signalfarben wie Rot und Gelb ganz leicht entdeckt werden, Braun aber nur schwer, weil es als Tarnfarbe mit der Umgebung verschmilzt. Damit Robin und seine Leute im Wald unsichtbar sind, müssen sie also grüne oder braune Kleidung tragen, in der sie gut getarnt sind. Ganz zuletzt werden auch die restlichen Bonbons eingesammelt.

Tipp:
Danach kann man den Kindern erklären, wie wichtig Tarnung auch im Tierreich ist. Manche Tiere tarnen sich, um nicht gefressen zu werden, etwa das braune Kaninchen, andere wie der ebenfalls bräunliche Luchs, um sich besser an seine Beute anschleichen zu können. Manche Tiere wollen dagegen durch ihre Farbe auffallen, wie zum Beispiel die Wespe. Sie signalisiert damit einem hungrigen Vogel, dass sie gefährlich ist und er besser den Schnabel von ihr lässt. Das sind im Spiel die Kieselsteinchen im gelben Papier. Und schließlich gibt es noch die Tiere, die durch ihre Signalfarbe nur vorgeben, gefährlich zu sein, wie zum Beispiel die Schwebfliege. Diese Strategie heißt Mimikry und entspricht dem normalen gelben Bonbon.

Die Baumgesichter des Sherwood Forest

Zeitbedarf: etwa 15–20 Minuten

Robin Hood muss auch die Bäume in seinem Wald gut kennen. Aus bestimmten Holzarten stellen sich die Räuber ihre Bögen und Pfeile her. Für den Bogen eignen sich zum Beispiel Esche, Ulme oder Ahorn besonders gut, weil das Holz besonders flexibel und bruchfest ist. Ihre Pfeile schnitzen sie aus dem Holz von Esche, Eiche, Ahorn, Weide oder Haselnuss. Unterscheiden können sie die einzelnen Baumarten unter anderem an ihrer Rinde.
Spielbeschreibung siehe „Rubbelbilder von Rinde und Blättern“ auf Seite 135.

Gemütlicher Ausklang

Siehe „Zwergenlager“ auf Seite 149. Bevor die kleinen Räuber am Lagerfeuer zusammenkommen, holen alle ihre Gipsabdrücke der Tierspuren ab. Gibt es kein Lagerfeuer, kann man eine abenteuerliche Episode aus dem Leben von Robin Hood erzählen oder ein Märchen vorlesen wie zum Beispiel „Die Bienenkönigin“ von den Gebrüdern Grimm.

Ein Tag bei den Indianern

Heute sind die Indianer los – doch nicht etwa in den weiten Prärien Nordamerikas, sondern direkt vor unserer Haustür in den Niedersächsischen Landesforsten! Einen ganzen Tag lang schlüpfen die Kinder in die Schuhe oder besser gesagt Mokassins von Sioux, Apachen oder Cheyenne, gehen auf die Jagd, machen ein Kanurennen und vertreiben mit Traumfängern böse Visionen von Weißen, die aus Osten kommen und sie von ihrem Land vertreiben.

Das Erbe der Indianer

Zeitbedarf: etwa 15–20 Minuten

Das braucht man

- einen Ast, etwa 100–150 cm lang
- Federn, Zapfen oder Früchte aus dem Wald
- bunte Bänder und/oder Lederschnüre

Vorbereitung

Ein Erwachsener schmückt den Ast, indem er mit Bändern oder Schnüren Waldgegenstände daran befestigt oder ein Muster hineinritzt.

Spielablauf

1. Alle Teilnehmer stellen sich im Kreis auf und einer der Erwachsenen holt das Stammessymbol (den Ast).

2. Er fragt die Kinder, was sie glauben, was der Ast symbolisieren soll. Dabei wandert der Stock reihum, sodass jedes Kind ihn anfassen kann.

3. Der Spielleiter erklärt, dass es sich um das Stammessymbol eines Indianerstammes handelt, der zum Beispiel durch ein starkes Unwetter sein Lager verloren hat, und dass dieses Stammessymbol das Einzige ist, was sie retten konnten. Die Kinder sind nun von den Indianern gebeten worden, ihnen beim Bau eines neuen Lagers zu helfen, dort mit ihnen zu leben – und natürlich immer gut auf das Stammessymbol aufzupassen. Bei dieser Aktion geht es darum, mit den Kindern über Indianer zu sprechen und zu erfahren, was sie schon über Indianer wissen und wie sie sich ein Indianerlager vorstellen.

Indianerlager

Anleitung siehe „Zwergenlager“ auf Seite 149. Sind nur wenige Kinder dabei, können sie auch ein Tipi bauen (siehe Kasten auf Seite 196), das sie anschließend noch mit Federn, Früchten, Zapfen und Ähnlichem verzieren. Bei einer größeren Teilnehmerzahl eignet sich das Tipi aber nicht, weil es nicht genug Platz für alle bietet.

Friedenspfeife und Traumfänger

Zeitbedarf: etwa 50–60 Minuten

Spielidee

Zur Verschönerung des Lagers und als Schutz vor schlechten Träumen sollen die kleinen Indianer „Traumfänger“ (tatsächlich Mobiles) basteln, die sie dann an das Tipi hängen oder im Indianerlager anbringen. Und natürlich brauchen richtige Indianer auch eine Friedenspfeife.

Das braucht man

- Federn (schon vorher suchen oder

mitbringen)
- bunter Zwirn, dünne Lederbänder oder Drachenschnur
- Schere und Messer
- eventuell Handbohrer

Vorbereitung
Die Kinder schwärmen aus und sammeln im Wald Fichtenzapfen und kleine Ästchen für die Friedenspfeife, für den Traumfänger einen kahlen Ast und alles zum Dranhängen, was ihnen gefällt.

Das Gebastelte nehmen die kleinen Indianer mit nach Hause, damit sie sich später in ihrem Bett vor nichts fürchten müssen und mit ihren Geschwistern nach einem Streit die Friedenspfeife rauchen können.

Bastelanleitung Friedenspfeife

1. Die Kinder brechen die obere Hälfte des Zapfens ab.

2. Sie kürzen das Ästchen auf die entsprechende Länge und stecken es schräg zwischen die Schuppen.

Bastelanleitung Traumfänger

1. Den Ast auf die entsprechende Länge zurechtschneiden.

2. In Kastanien und ähnliche Gegenstände mit dem Handbohrer jeweils ein Loch bohren, ein Stück Drachenschnur hindurchziehen und am Ast festknoten. Manche Dinge wie Zapfen oder kleine Wurzeln müssen nicht durchbohrt werden, sondern können einfach mit der Schnur umwickelt werden.

3. Die einzelnen Teile so aufhängen, dass der Ast im Gleichgewicht bleibt.

Lautlose Pirsch

Zeitbedarf: etwa 20–30 Minuten

Für mindestens 3 Mitspieler

Spielidee

Bei diesem Spiel ist ein Kind ein Reh, die anderen sind Luchse. Letztere müssen möglichst nah an das Reh heranschleichen, um es dann mit einem großen Sprung zu packen. Deshalb müssen sie versuchen, möglichst unentdeckt in die Nähe der Beute zu kommen.

Vorbereitung

Man sucht ein Waldstück mit möglichst guten Versteckmöglichkeiten aus. Das Reh stellt sich etwa 50–100 m von den Luchsen entfernt mit dem Rücken zu ihnen auf. Die Luchse stehen in einer Reihe.

Spielablauf

1. Das Reh zählt laut von eins bis zehn.

2. Sobald das Reh „Eins“ gesagt hat, beginnen die Luchse sich anzupirschen.

3. Erst wenn das Reh bis zehn gezählt hat, dreht es sich um. Alle Luchse, die dann nicht versteckt sind und vom Reh entdeckt werden, müssen wieder zehn Schritte Richtung Ausgangspunkt zurückgehen.

4. Das Reh dreht sich wieder um, zählt erneut bis zehn und die Luchse schleichen sich noch weiter heran.

5. So geht es weiter, bis ein Luchs als Erster das Reh erreicht hat und es packt. Er ist der Sieger und darf in der nächsten Spielrunde das Reh sein.

Wenn die Kinder zwei oder drei Spieldurchgänge gemacht haben, können sie sich austauschen, welche Anpirschstrategie am erfolgreichsten ist. Luchse, die beispielsweise eine Jacke in Signalfarben anhaben, also schlecht getarnt sind, entdeckt das Reh meist schneller.

Besonders schnelle Luchse gehen das Risiko ein, vielleicht nicht rechtzeitig eine Deckung zu finden, wenn das Reh aufhört zu zählen. Dafür sind sie aber eher beim Reh als die langsameren Luchse. Die wiederum finden vielleicht die besseren Verstecke.

Waldgeheimnisse

Zeitbedarf: etwa 20–30 Minuten

Für mindestens 2 Teilnehmer

Das braucht man

- Eierkartons für 6 Eier (für jeden Mitspieler einen)

Vorbereitung

Der Spielleiter bereitet zu Hause Zettel vor, auf denen Wortpaare stehen: zum Beispiel kurz und lang, glatt und rau, hell und dunkel, schwarz und weiß, eckig und rund, spitz und flach, hart und weich usw. Jedes Wortpaar darf nur auf einem Zettel vorkommen. Je drei Wortzettel werden in einen Eierkarton gelegt.

Spielablauf

1. Die Mitspieler werden in mindestens zwei Gruppen geteilt. Jede Gruppe bekommt einen Eierkarton mit drei Wortzetteln, wobei jede Gruppe andere Wortpaare bekommt. Wichtig: Die andere Gruppe darf die Zettel nicht sehen!

2. Die Gruppen suchen im Wald nach Gegenständen, die zum gesuchten Wortpaar passen, etwa ein glattes und ein raues Rindenstück

oder einen harten Kieselstein und ein Stück weiches Moos. Sie sollten möglichst so klein sein, dass sie in den Eierkarton passen.

3. Haben sie alle Gegenstände zu ihren Wortpaaren gefunden, treffen sich die Gruppen wieder. Jede zeigt abwechselnd zwei Dinge zu einem Wortpaar und die andere Gruppe muss raten, welches Wortpaar auf dem Zettel stand. Wenn das Wortpaar geraten wurde, zeigt die nächste Gruppe zwei Dinge. Das geht so weiter, bis alle Wortpaare erraten wurden.

Tipp:
Zum Schluss kann der Spielleiter Fragen zum ein oder anderen Gegenstand stellen, etwa von welchem Baum ein Zapfen oder ein Blatt stammt.

Adlerauge, sei wachsam!

Zeitbedarf: etwa 30 Minuten

Für maximal 12 Mitspieler

Ein guter Indianer kann nicht nur die Fußabdrücke von Tieren lesen, sein Adlerauge sieht auch andere Zeichen, die untrüglich darauf hinweisen, dass hier Tiere sind oder waren.

Vorbereitung

Der Spielleiter sucht eine Wegstrecke aus, an der Bäume mit Tierspuren stehen – etwa mit einer Spechthöhle, Fraßspuren von Rehen usw. – und vielleicht auch ein Ameisenhaufen oder der Eingang zu einem Tierbau zu finden ist. Dann legt er, ohne dass die Kinder das sehen, entlang der Strecke lauter Gegenstände aus, die Tiere hinterlassen haben könnten, etwa Federn, Zapfen, die von einem Eichhörnchen benagt wurden, eine Eichel, die ein Specht bearbeitet hat, ein Eulengewölle usw.

Anregungen dazu finden Sie im Kapitel „Hier waren Tiere! Tierspuren lesen“ auf Seite 17.

Spielablauf

Die Kinder gehen die Wegstrecke ab, suchen nach den ausgelegten Tierspuren und nehmen sie mit. Sie achten auch auf die Spuren an Bäumen usw. und weisen sich gegenseitig darauf hin, was ihr Adlerauge entdeckt hat.

Mittagspause

Dauer: nach Lust und Bedarf

Die Kinder haben Gelegenheit, die Umgebung auf eigene Faust und ohne ein spezielles Spiel zu entdecken. Dabei können sie auch die gesammelten Eindrücke des Vormittags verarbeiten.

Schnell wie der Wind

Zeitbedarf: etwa 15–20 Minuten

Spielbeschreibung siehe „Zapfenlauf" auf Seite 125.

Variante

Noch spannender wird das Zapfenrennen, wenn man zwei Mannschaften bildet und das Ganze als Staffellauf durchführt. Dazu braucht man zwei parallele Laufstrecken und je ein Zapfenlager und einen Auffangbehälter am Startpunkt. Die ersten beiden Spieler heben einen Zapfen auf, legen ihn auf ihre Astgabel, rennen damit zum Wendepunkt und wieder zurück, wo sie den Zapfen in den Behälter legen. Dann kommt der nächste dran und so weiter.

Indianertelefon

Zeitbedarf: etwa 20–30 Minuten

Spielidee

Die Ohren von Indianern müssen stets auf Empfang gestellt sein, denn so hören sie schon von Weitem, wenn sich ein wildes Tier oder ein Feind zu Pferd nähert. Gute Lauscher brauchen sie auch, wenn sie auf die Jagd gehen wollen. An einem liegenden, möglichst entrindeten Baumstamm können die kleinen niedersächsischen Rothäute das Lauschen üben.

Spielablauf

1. Die Kinder setzen sich rechts und links des Stammes auf den Boden und legen ihr Ohr ans Holz.

2. Ein Erwachsener geht an ein Ende des Stammes und macht ein Geräusch, zum Beispiel, indem er mit den Fingernägeln, einem Ast oder einem Taschenmesser am Baum kratzt.

Erstaunlicherweise können alle Kinder, auch die am anderen Ende des Baumstammes dieses Kratzen ganz deutlich hören. Wieso? Holz ist ein prima Resonanzkörper, das heißt, es leitet die Schallwellen, die das Kratzen erzeugt, sehr gut weiter. Und nicht nur an Kinderohren. Auch wenn Vögel in einem Baum nisten, wie zum Beispiel ein Höhlenbrüter, werden die Geräusche, die von Menschen oder anderen Tieren an diesem Baum erzeugt werden, gut weitergeleitet.

Jetzt können sich die Kinder gut vorstellen, was für einen Lärm beispielsweise ein Marder verursacht, der einen Baum hinaufklettert, um ein Nest mit Jungvögeln auszurauben.

Kanurennen

Zeitbedarf: mindestens 20–30 Minuten

Was wären Indianer ohne ihre Kanus, auf denen sie reißende Ströme hinabfahren können?

Das braucht man

- Rindenstückchen und/oder Korken (für jeden Mitspieler einen)
- wasserfeste Stifte
- stabile Schnur

Vorbereitung

An einem kleinen Bach spannt der Spielleiter am Ende einer etwa 20–30 m langen Strecke die Schnur über den Bach. Sie dient als Ziel.

Spielablauf

1. Jedes Kind verziert sein Kanu (den Korken oder das Rindenstück) mit einem Muster oder Zeichen.

2. Dann setzen die Kinder ihr Kanu gleichzeitig ins Wasser und treiben es mit Rufen an, damit es möglichst als Erstes ins Ziel fährt. Bleibt ein Kanu unterwegs stecken, dürfen sie es wieder startklar machen.

3. Wenn alle Boote im Ziel sind, tauschen sich die Kinder darüber aus, warum das eine Boot schneller war als das andere, warum eines möglicherweise gekentert ist usw. Sie lernen dabei spielerisch etwas über Strömungen und Wirbel und die Fließgeschwindigkeit des Baches.

Variante

Wenn die Zeit reicht, können die Kinder vorher Indianerkanus basteln (Bastelanleitung siehe „Rindenschiffchen“ auf Seite 130).

Tipp:
Für den Fall, dass ein kleiner Indianer vor lauter Eifer ins Wasser plumpst, empfiehlt es sich, einen Satz trockene Kleidung und ein Handtuch mitzunehmen.

Gemütlicher Ausklang

Tipps für leckeres Stockbrot grillen am Lagerfeuer gibt es auf Seite 157. Gibt es für die kleinen Rothäute kein Lagerfeuer, kommen sie an ihrem Lager bzw. Tipi zusammen und ein Erwachsener erzählt ihnen eine Indianergeschichte. Man kann auch zu Hause die berühmte „Rede des Häuptlings Seattle vom Stamme der Duwamish-Indianer“ kindgerecht umformulieren – nach dem Tag in der Natur verstehen die Kleinen die Botschaft des weisen Indianers besonders gut. Man findet die Rede im Internet.

Lust auf Wald – ein Kindergeburtstag der anderen Art

Der Geburtstag ist für jedes Kind ein besonderes Ereignis, auf das es sich das ganze Jahr über freut. Tatsächlich ist ja in Nullkommanix wieder ein Jahr vorbei und der nächste Geburtstag steht vor der Tür – und will vorbereitet werden. Noch einmal dasselbe Gartenfest mit Sackhüpfen, Topfschlagen und Eierlauf wie im letzten Jahr? Och, wie langweilig, tönt es aus dem Kinderzimmer. Also, was tun, um den Geburtstag zu einem Erlebnis der anderen Art zu machen?

Da gibt's nur eins: Verlegen Sie einen Teil der Feierlichkeiten oder das ganze Fest in den Wald. Dort gibt es so viel zu entdecken, zu sehen, zu beobachten und zu spielen, dass man damit eine Schar Kinder gut und gerne ein paar Stunden beschäftigen und nachhaltig begeistern kann. So ein Waldgeburtstag kann ein echtes Abenteuer werden.

Zuallererst müssen Sie ein bisschen organisieren, den Förster verständigen, eine Wegstrecke festlegen und das Gelände erkunden. Ausführliche Informationen zur Vorbereitung finden Sie weiter oben in diesem Kapitel, auch bezüglich Kleidung, Ausrüstung und Erste-Hilfe-Kit. Am besten führen Sie in der Geburtstagseinladung alles auf, was die Kleinen mitbringen sollen, damit beim Fest alles wie am Schnürchen läuft – von der Kleidung bis zur Ausrüstung.
Hier ein paar Vorschläge für Aktionen, die Sie für den Waldgeburtstag einplanen können:

Geburtstagskrone

Wenn die ganze Geburtstagsgesellschaft vollständig versammelt ist, entweder zu Hause beim Geburtstagskind oder an einem anderen vereinbarten Treffpunkt, wird erst einmal jeder begrüßt und willkommen geheißen. Wahrscheinlich haben die Gäste Geschenke mitgebracht, die sollten vor dem Aufbruch in den Wald irgendwo zwischengelagert werden. Und dann geht's los. Das Geburtstagskind steht im Mittelpunkt – keine Frage –, daher wird es mit einer Geburtstagskrone geschmückt. Die erste Aktion könnte also sein, aus den Materialien, die am Wegesrand zu finden sind, eine Krone zu basteln, zum Beispiel aus Zweigen, Blättern und Blüten.

Adlerhorst

Im Wald angekommen, können die Kinder ein Lager bauen, den Adlerhorst, wo sie zwischendurch eine kleine Verschnaufpause einlegen und eine Kleinigkeit essen und trinken können (Anleitung siehe „Zwergenlager" auf Seite 149).
Dort kann auch der Verpflegungs-Bollerwagen deponiert werden, der mit gesunden Leckereien für den kleinen Hunger zwischendurch gefüllt ist, etwa Möhren- und Gurkensticks oder leckerem Obst. Für den großen Durst gibt es vitaminreiche Saftschorlen.

Baumtelefon

In den Wald nehmen die Kinder nach Möglichkeit keine Handys mit (die Erwachsenen natürlich schon, um im Ernstfall Verstärkung rufen zu können). Für die Verständigung im Wald benutzen sie nämlich das Baumtelefon. Das ist absolut zuverlässig, braucht keinen Empfangsmasten, keinen Akku und kostet nicht mal Geld. Telefonieren kann man überall dort, wo ein Baumstamm am Boden liegt. Spielbeschreibung siehe „Indianertelefon“ auf Seite 172.

Schatzsuche

Bei einer Schatzsuche sind alle Kinder mit Begeisterung dabei. Dazu müssen die Erwachsenen ein bisschen vorarbeiten und eine Schatztruhe basteln. Hierfür eignet sich zum Beispiel ein stabiler Schuhkarton, der mit einem tollen Papier oder geheimnisvollen Gegenständen beklebt wird. In die Schatztruhe wird ein Schatz hineingelegt, das können sein: etwas zum Naschen, kleine Spielsachen oder Gegenstände, die die Kinder für ihr Waldabenteuer gut gebrauchen können, zum Beispiel Becherlupen zum Beobachten von Krabbeltieren im Waldboden (siehe unten).

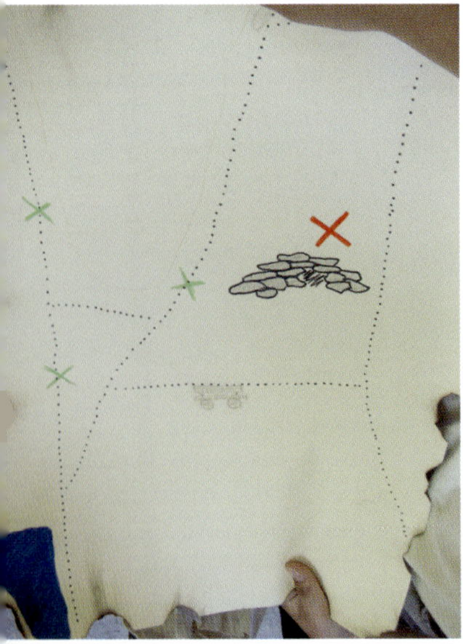

Die gefüllte Schatzkiste wird dann nicht irgendwo, sondern an einem besonderen Punkt im Wald versteckt. Besondere Punkte können an einer Wegkreuzung, auf einer Lichtung, unter einem bestimmten Baum, an einer Futterkrippe usw. sein. Und, ganz wichtig: Es muss eine Schatzkarte angefertigt werden, auf der der Weg zum Schatz für die Schatzsucher eingezeichnet ist. Natürlich nicht einfach so als Wegweiser, sondern als Spiel, in dem verschiedene Aufgaben gestellt, Rätsel gelöst und Ähnliches gemacht werden, um zum nächsten markanten Wegpunkt zu gelangen – und am Ende natürlich zur Schatzkiste. Je nach Alter und Kondition der Kinder kann die Schatzsuche eher mit kurzem Weg und leichten Aufgaben oder etwas länger und mit anspruchsvolleren Rätseln geplant werden. Wichtig ist aber, dass niemand überfordert wird und es am Ende womöglich enttäuschte Gesichter gibt. Denn gegen Schluss steigt die Spannung bei allen: Wer wird den Schatz als Erster finden, und wird er ihn mit seinen Gefährten teilen?

Auf der Jagd nach Bodentieren

In der Schatzkiste war für jedes Kind tatsächlich eine Becherlupe enthalten. Die Kinder brauchen sie nämlich für

die nächste Aktion, bei der sie Bodentiere suchen und beobachten können. Also schwärmen alle Kinder aus (legen Sie vorher einen Radius fest, in dem sie sich bewegen sollten) und kriechen mehr oder weniger auf dem Bauch oder auf den Knien (achten Sie daher auf robuste Kleidung und feste Schuhe!) über den Waldboden. Sie halten Ausschau nach allem, was da kreucht und fleucht. Blätter werden hochgehoben, unter Baumrindenstücken geschaut, in morsche Holzstücke und Baumstämme hineingelugt. Und was sich bewegt, wird ganz sachte und behutsam, eventuell mithilfe eines kleinen Pinsels, in die Becherlupe hineingestrichen. Nach einer Weile treffen sich alle wieder am vereinbarten Punkt und zeigen reihum der Inhalt der Becherlupen. Wer hat einen Saftkugler, wer hat Asseln, wer einen Schnurfüßer, und was gibt es sonst noch zu bestaunen? Aufpassen sollte man allerdings bei Nacktschnecken. Die sind so schleimig, dass sie die Becherlupe nur vollschmieren und man nichts mehr erkennen kann.

Wissen die Kinder, welche Tierchen sie da genau eingesammelt haben? Falls nicht, schaut man im Naturführer nach. Ist es nicht toll, was im Wald so alles Unterschlupf und Bleibe findet? Und wenn alles ausgiebig begutachtet wurde, werden die emsigen Krabbler vorsichtig wieder freigelassen.

Das grosse Suchen

Spielbeschreibung siehe auf Seite 114.

Flussüberquerung

Zeitbedarf: etwa 10–15 Minuten

Dieses Spiel erfordert ein wenig Geschicklichkeit und Schnelligkeit und ist daher für ganz kleine Kinder nicht so gut geeignet. Die größeren finden es aber umso spannender.

Das braucht man

- Kartons oder Teppichfliesen (für jeden Mitspieler einen)

Vorbereitung

An einer ausreichend großen, unbewachsenen Stelle, die mit viel Laub bedeckt ist, zieht der Spielleiter mit dem Fuß in etwa 5 m Abstand voneinander zwei lange, parallel verlaufende Linien ins Laub, lang genug, damit je eine Mannschaft mit ausreichend Abstand zwischen den einzelnen Kindern Platz findet. Jede Linie symbolisiert das Ufer eines reißenden Flusses.

Spielablauf

1. Es werden zwei Mannschaften gebildet. In jeder Gruppe sollten etwa gleich viele starke und schwächere, größere und kleinere Mitspieler sein. Jedes Kind bekommt einen Trittstein aus Karton oder Teppichfliese und stellt sich darauf; die Mannschaften stehen sich an den beiden Flussufern gegenüber. An das hintere Ende jeder Reihe wird ein zusätzlicher Trittstein gelegt, der frei bleibt.

2. Auf ein Kommando soll nun jede Mannschaft so schnell wie möglich das andere Ufer erreichen, jedes Kind darf sich aber nur von Trittstein zu Trittstein fortbewegen oder springen. Dazu wird der freie werdende Trittstein nach vorne durchgegeben, dort ins Wasser gelegt und jedes Kind hüpft einen Tritt weiter – ohne dabei ins Wasser zu fallen. Dies geschieht so oft, bis die beiden Mannschaften das Ufer komplett gewechselt haben. Sieger ist das Team, das zuerst das andere Ufer erreicht hat

Waldbild

Während die Kinder noch auf großer Suche sind, können Sie schon eine geeignete Stelle für ein Waldbild aussuchen und von der Laubschicht befreien. Anleitung siehe Seite 134.

Und noch viel mehr …

Dies sind nur einige Anregungen für einen lustigen Kindergeburtstag im Wald. Sie können natürlich noch viel mehr mit den Kindern erkunden, sie zum Beispiel mit verbundenen Augen Dinge ertasten und beschreiben lassen. Wie fühlt sich ein Baum an? Wie

riecht es im Wald? Wie hört sich der Wind in den Baumwipfeln an? Welche Farben hat der Wald? Gibt es rote, gelbe, blaue Dinge? Und welche Nummer hat eigentlich das Baumtelefon?

Nach so einem tollen Geburtstag im Wald sind alle erschöpft, müde und hungrig, aber sicher auch glücklich, weil sie unvergessliche Naturerlebnisse hatten. Auch die Eltern sind zufrieden, weil der Tag ganz entspannt verlaufen ist und ihre Kleinen etwas zu erzählen haben – und nicht zuletzt, weil sie hinterher nicht die Wohnung aufräumen, keine Schokoladenfinger von der Tapete wischen oder Nudelsalat aus der Topfpflanze fischen müssen. Überzeugt? Dann feiern Sie Ihren nächsten Kindergeburtstag im Wald!

V.

SURVIVALTIPPS

Zugegeben: Falls man sich in den Niedersächsischen Landesforsten einmal verläuft, ist das Risiko, dass man tagelang umherirren und Insekten essen muss, um zu überleben, nicht allzu groß. Dennoch ist es für Kinder ungemein spannend, sich wie die Trapper in der Wildnis zurechtzufinden: Welche Früchte stillen im Zweifelsfall den Hunger und wie baut man einen Unterschlupf? Wie schützt man sich vor wilden Tieren und anderen Gefahren? Bären oder Indianer gibt es in unseren Wäldern natürlich nicht, die Gefahren lauern vielmehr etwa in Form von unerwartet aufziehenden Gewittern oder Zecken im Unterholz. Mit den folgenden Survivaltipps jedoch sind kleine Abenteurer und ihre Eltern stets auf der sicheren Seite und können ihren Aufenthalt im Wald unbeschwert genießen!

Gut geplant ist halb gewonnen

Es gibt kein schlechtes Wetter – oder doch?

Wo geht's lang? Orientierung im Wald

Nahrung und Unterschlupf für Waldläufer

Augen auf im Wald! Gefahren vorbeugen, Verletzungen behandeln

Gut geplant ist halb gewonnen

Ein Familienausflug in den Wald will ein bisschen geplant und vorbereitet sein, damit er zu einem inspirierenden Erlebnis wird, an das sich alle später noch gern erinnern. Bevor die „Tour de Natur“ losgeht, sucht man erst mal eine Strecke aus, die auch für die kleinsten Familienmitglieder problemlos zu bewältigen ist, denn ein Kind, das quengelt, weil es vor Erschöpfung nicht mehr laufen kann, bringt garantiert die fröhlichsten Eltern zur Verzweiflung. Man bedenke nur, dass ein kleineres Kind für jeden Schritt, den ein Erwachsener tut, mindestens zwei Schritte machen muss!

Um die Kinder unterwegs über die gesamte Strecke bei Laune zu halten, wählen vorausschauende Eltern eine abwechslungsreiche Route, auf der es viel zu entdecken und zu beobachten gibt, und packen neben Verpflegung auch ein paar Utensilien ein, die kleine Naturforscher so brauchen: eine Lupe oder Becherlupe beispielsweise, um kleine Bodentiere zu beobachten, einen Beutel, in dem die gefundenen Schätze verstaut werden können, ein Pflanzen- und Tierbestimmungsbuch, ein Fernglas, ein Taschenmesser oder auch einen alten Suppenlöffel zum Graben in der Erde. Noch besser: Die Kinder packen ihren Rucksack selbst und tragen ihn auch selbst, damit sie jederzeit ihr Handwerkszeug parat haben.

> Für die „Tour de Natur" sucht man eine Strecke aus, die auch für die kleinsten Familienmitglieder problemlos zu bewältigen ist.

Ein paar Spielideen (siehe Seite 112) im geistigen Gepäck (und die dafür nötigen Utensilien im Rucksack) sorgen für Kurzweil und überbrücken kritische Situationen. Wenn dann vielleicht auch noch der beste Freund oder eine befreundete Familie mitkommen, um gemeinsam die fremde Waldwelt zu erkunden, ist für gute Laune und anregende Stunden unter dem grünen Blätterdach garantiert gesorgt. Denn die körperliche Kondition ist immer auch eine Frage der geistigen Verfassung. Wenn es zudem unterwegs ein paar Baumstämme zum Bekraxeln gibt, spannende Herausforderungen oder lustige Spiele warten oder zwischendurch eine zauberhafte Geschichte erzählt wird, wenn ein Picknick oder eine Rast mit Stockbrot und Bratwurst an einer Grillstelle lockt oder am Ende des Ausflugs auf jeden ein Rieseneis wartet, dann können Kinder ungeahnte Kräfte entwickeln – und selbst der müdeste kleine Waldwanderer wird wieder munter und ist bereit zu neuen Taten!

Kleidung und Ausrüstung

Damit der Waldausflug ein tolles Naturerlebnis wird, muss auch die Kleidung geeignet sein. Sie sollte der Jahreszeit und dem Wetter angepasst sein und – ganz wichtig – auch dreckig werden dürfen. Denn wie sollen die Kinder die Waldwelt erkunden, wenn sie ständig aufpassen müssen, dass ihre teuren Designerklamotten kein Fleckchen abbekommen! Also den Kindern ruhig etwas ältere Sachen anziehen, die obendrein bequem und so robust sind, dass die Kinder damit klettern und durchs Unterholz robben können, ohne dass die Kleider gleich reißen oder Löcher bekommen. Am besten sind lange Hosen, damit sich die Kinder nicht an Büschen die Beine zerkratzen oder von Insekten zerstochen oder von Zecken heimgesucht werden, und der altbewährte Zwiebellook: T-Shirt,

Pulli und darüber eine Jacke, die man bei Bedarf nacheinander ausziehen kann. In der kalten Jahreszeit sollte man auch an Stirnband oder Mütze und Handschuhe denken. Auch an warmen Tagen packt man für alle Fälle eine Weste oder einen Pulli und an Tagen mit Regenrisiko eine Regenjacke in den Rucksack. Auch die Schuhe müssen geeignet sein: Flip-Flops sind vielleicht in der Stadt angesagt, auf holprigen, von Wurzeln durchwachsenen Waldwegen aber sind sie nicht das Schuhwerk der Wahl. Besser sind geschlossene Schuhe (leichte Wanderschuhe oder Turnschuhe), die einen guten Halt bieten, sowie Socken, um nicht zerkratzt oder zerstochen zu werden und als Schutz vor Blasen. Im Sommer sollten auch eine Sonnenbrille mit hohem UV-Schutz und vielleicht eine Schirmmütze mit, auch wenn die Sonne im Wald nicht so gnadenlos vom Himmel

Grundausrüstung

- Trinkwasser, verdünnte Fruchtsäfte oder Tee, mindestens 500 ml pro Person
- Verpflegung (je nach Dauer des Ausflugs): zum Beispiel belegte Brote, Obst, Kekse, Müsli- oder Energieriegel, Traubenzucker oder Schokolade gegen Unterzuckerung
- Taschenmesser
- Plastiktüte für Abfälle (wieder mit nach Hause nehmen!)
- Einmalwindeln für ganz kleine Kinder
- Papiertaschentücher
- Sonnenschutzcreme
- Wanderkarte
- Kompass
- Streichhölzer oder Feuerzeug
- eventuell Fotoapparat
- Erste-Hilfe-Kit (siehe Kasten)
- Handy
- Telefonnummer des Revierförsters (falls Sie schnell Hilfe benötigen)

Erste-Hilfe-Kit

- Pflaster in verschiedenen Größen
- sterile Kompresse
- Leukoplast
- kleine Schere
- Verbandpäckchen
- elastische Binde
- Insektenschutzmittel
- Rettungstuch
- Dreiecktuch
- Pinzette
- Einmalhandschuhe
- zwei sterile Plastikbeutel
- Kälte-Sofort-Kompresse (zum Kühlen von Schwellungen, etwa nach Insektenstich). Die Kompresse immer in ein Tuch einwickeln, um die Haut vor zu großer Kälte (Erfrierungen) zu schützen
- für alle Fälle ein kleines Erste-Hilfe-Buch

brennt wie auf offenen Flächen. Wer Wander- oder Walkingstöcke zu Hause hat: ebenfalls einpacken.

Teure Designerklamotten und Flip-Flops sind im Wald nicht gerade das passende Outfit. Achten Sie auf geeignete Kleidung.

In den Rucksack von Mama und Papa bzw. Oma und Opa wandert die Grundausrüstung. Die Checkliste (siehe Kasten) geht man am besten vor dem Ausflug durch, damit man nichts vergisst und für alle Fälle gewappnet ist. Auf keinen Fall sollte man ohne ein kleines Erste-Hilfe-Kit (siehe oben) aus dem Haus gehen. Denn wie schnell ist ein kleines Unglück passiert und muss ein blutender Finger oder ein schmerzhafter Insektenstich verarztet werden. Schließlich will man seine Kinder ja nicht „bei Fuß“ führen, sondern sie mit allen Sinnen und ganzem Einsatz den Wald entdecken lassen! Diverse Hilfsorganisationen wie der Arbeiter-Samariter-Bund, das Deutsche Rote Kreuz, die Johanniter oder die Malteser bieten übrigens fertige Erste-Hilfe-Kits für verschiedene Altersklassen und Aktivitäten an. Außerdem sollten verantwortungsbewusste Eltern hin und wieder ihre Erste-Hilfe-Kenntnisse auffrischen. Die Gewissheit, dass man im Fall der

Fälle weiß, was zu tun ist, hat etwas ungemein Beruhigendes. Nimmt man fremde Kinder auf den Ausflug mit, sollte man vorher die Eltern fragen, ob es besondere Dinge gibt, auf die man achten muss. Hat das Kind zum Beispiel eine Allergie gegen ein bestimmtes Lebensmittel oder Insektenstiche, hat es eine besondere Krankheit, etwa Asthma? Dann müssen die Eltern auf jeden Fall auch die entsprechenden Medikamente wie z. B. Asthmaspray oder Antihistaminika und am besten eine Kopie des Allergiepasses mitgeben.

Jedem seinen eigenen Wanderstock

Sind keine Wanderstöcke im Haus – macht gar nichts! Dann kann die ganze Familie, sobald sie im Wald angekommen ist, im Fallholz nach geeigneten Ästen Ausschau halten und sich daraus ihre ganz individuellen Walking Sticks fertigen. Der Stecken sollte mindestens drei Finger dick sein, damit er die nötige Stabilität hat. Wer findet den schönsten und besten? Besonders gut ist zum Beispiel der Trieb eines Haselstrauchs, weil er leicht ist und schön gerade. Aber auch Äste von Nadelhölzern oder der Eberesche kommen infrage. Nicht geeignet ist dagegen das harte Holz von Buche oder Eiche, weil es sich nur schlecht bearbeiten lässt.

Den Stab kürzt man zunächst auf Taillenhöhe. Er hat genau die richtige Länge, wenn der Unterarm einen rechten Winkel bildet, wenn man den Stock in der Hand hält. Bei der nächsten Rast kann man mit dem Taschenmesser interessante Muster einkerben oder ihn anderweitig verzieren. Wichtig: Immer vom Körper weg schnitzen! Kleine Kinder lassen sich dabei von ihren Eltern helfen. Damit die Stöcke nicht verwechselt werden, kann man zum Beispiel auch seinen Namen in die Rinde schnitzen.

So ein Wanderstab ist nicht nur perfekt, um sich beim Wandern darauf abzustützen, sondern zum Beispiel auch, wenn man sich einen Weg durchs Unterholz oder durch Büsche bahnen oder über kleine Bäche springen will.

Hinweis: Bedenken Sie bitte, dass die hier angegebenen Informationen zur Ersten Hilfe in keiner Weise einen Kurs in Leben rettenden Sofortmaßnahmen am Unfallort oder Erster Hilfe ersetzten. Die hier genannten Informationen können nicht auf die individuelle Situation in Ihrem speziellen Notfall eingehen, daher gilt immer, im Zweifelsfall den ärztlichen Rat einholen. Frischen Sie zudem regelmäßig Ihre Erste-Hilfe-Kenntnisse auf. Dann haben Sie im Fall der Fälle die Gewissheit, dass Sie schnell und richtig Erste Hilfe leisten können.

Es gibt kein schlechtes Wetter – oder doch?

Klar, bevor man in den Wald aufbricht, heißt es den Wetterbericht zu verfolgen, damit man sich auf das Wetter einstellen kann. Auch im Wald gilt die alte Regel: Es gibt kein schlechtes Wetter, sondern nur schlechte Kleidung. Und echte Naturfreunde können bis auf ganz wenige Ausnahmen (Sturm und Gewitter!) fast immer hinausgehen. Häufig macht man gerade bei „schlechtem" Wetter die interessantesten Naturbeobachtungen. Manche Tiere kommen nämlich bei Regen erst aus ihrem Versteck. Und so herrlich erdig wie bei Regen riecht es im Wald sonst auch nie. Trotzdem kann es passieren, dass man einmal von einem Wetterumschwung überrascht wird und etwa völlig unvorbereitet ein Gewitter aufzieht. Da ist es gut, wenn man als echter Waldläufer die Zeichen der Natur richtig deuten kann. Und davon gibt es erstaunlich viele.

Himmlische Zeichen

Die beste Tageszeit, um das Wetter vorherzusagen, ist der frühe Morgen: Bei Frühtau und Frühnebel und einem Morgenhimmel mit Gelbstich bleibt das Wetter ziemlich sicher schön. Gute Zeichen sind ferner ein konstant hoher Luftdruck und eine leichte Brise aus Nordosten, Kumuluswolken am Sommerhimmel und eine schlechte Fernsicht. Ein weiteres Indiz sind die Kondensstreifen von Flugzeugen: Je schneller sie sich auflösen, desto höher die Chancen, dass es unverändert schön bleibt.

> Häufig macht man gerade bei „schlechtem" Wetter die interessantesten Naturbeobachtungen.

Hinweise darauf, dass das Wetter besser wird, geben aufsteigende Wolken oder große Wolkenmassen, die sich auflösen. Bildet sich am Abend eines Schlechtwettertages starker Nebel und zeigt sich am Himmel Abendrot, wird sich das Wetter ebenfalls deutlich verbessern. Morgenrot, ein tiefblauer Himmel und Wind aus Nordwest in der Frühe verheißen dagegen nichts Gutes, ebensowenig eine sehr gute Fernsicht. Steigt die Luftfeuchtigkeit und wird die Luft schwül, ist Regen im Anzug.

Vor einem Gewitter entwickelt sich ebenfalls eine drückende Schwüle, der Himmel nimmt eine bleierne Farbe an, Böen und kräftiger Wind kommen auf. Wolken türmen sich auf und verdunkeln den Himmel.

Tierische Wetterpropheten

Anders als der Mensch, der sich in der Regel schon vorher entsprechend einstellen kann, sind die Tiere in der freien Natur dem Wetter auf Gedeih und Verderb ausgeliefert. Aus diesem Grund sind sie mit hochsensiblen Wettersinnen ausgerüstet. Wer auf ihre Reaktionen achtet, bekommt Hinweise, die Rückschlüsse auf Wetterveränderungen zulassen.

Die Wetterpropheten aus dem Reich der Tiere sind neben den Fröschen auch Insekten und Vögel. Quaken nachts die Frösche, wird das Wetter schön, ebenso wenn die Grillen zirpen, Spinnen ihre Netze bauen und die Schwalben hoch fliegen. Insgesamt sind die Tiere viel aktiver, wenn schönes Wetter kommt oder bleibt. Vor einem heranziehenden Gewitter dagegen fliegen die Schwalben sehr niedrig. Das kommt daher, dass sie Insekten jagen, und die steigen bei Hochdruck höher in die Luft, bei fallendem Luftdruck hingegen bleiben sie ganz dicht am Boden. Dass Regen aufkommt, kann man auch bei einem Blick auf den Waldboden feststellen, wenn sich besonders viele Regenwürmer und Schnecken zeigen.

Auch Pflanzen reagieren übrigens auf steigende Luftfeuchtigkeit. Kiefernzapfen beispielsweise schließen sich, sodass die Samen darin nicht nass werden, und Löwenzahn oder Gänseblümchen öffnen ihre Blüten nicht. Bienen sieht man bei drohendem Gewitter gar nicht mehr umherschwirren, denn sie suchen den Schutz ihres Bienenkorbs auf. Kurz bevor es dann losgeht, herrscht im Wald eine fast gespenstische Stille: Kaum ein Vogel lässt sich noch vernehmen, die ganze Natur wartet gespannt auf das große Donnerwetter.

Tiere in der freien Natur sind dem Wetter auf Gedeih und Verderb ausgeliefert. Deshalb sind sie mit hochsensiblen Wettersinnen ausgerüstet.

Richtiges Verhalten bei Gewitter

Regel Nummer eins bei aufziehendem Gewitter: Wenn es noch weit genug weg ist, nach Möglichkeit schnell zum Auto gehen, in dem man vor Blitzen geschützt ist. Wie weit das Unwetter entfernt ist, lässt sich leicht berechnen: Man zählt die Sekunden zwischen einem Blitz und dem folgenden Donnerschlag und teilt diese Zahl durch 3. Das Ergebnis gibt an, wie viele Kilometer das Gewitter entfernt ist. Ob sich das Gewitter nähert oder wegzieht, kann man anhand der Bewegung der Wolken bestimmen. Die Methode „Nasser Finger im Wind" funktioniert in diesem Fall nicht, weil der Wind in Bodennähe aus einer ganz anderen Richtung wehen kann als in Gewitterhöhe.

Falls das Gewitter schon zu nah ist, um sich in Sicherheit zu bringen, muss man sich unbedingt von allein stehenden, hohen Bäumen fernhalten, denn sie ziehen Blitze an, ebenso wie freistehende Hütten, Zelte oder Ähnliches. Die alte Regel „Vor Eichen sollst du weichen, Buchen sollst du suchen" ist extrem gefährlicher Unsinn! Tatsächlich sollte man gar keine einzeln stehenden Bäume suchen. Stattdessen zieht man sich nach Möglichkeit in das Innere des Waldes zurück, hockt sich mit zusammengepressten Beinen auf möglichst trockenem Boden auf die Fersen (aber auf keinen Fall barfuß!) und kauert sich so klein wie möglich zusammen. Dabei den Boden aber wirklich nur mit den Füßen berühren und sich nirgendwo anlehnen oder abstützen! Falls vorhanden, kann man sich auf eine Isomatte, eine Plastiktüte oder etwas anderes Isolierendes hocken. Auf keinen Fall sollte man sich fortbewegen oder breitbeinig und aufrecht stehen. In der Nähe dürfen keine Metallgegenstände herumliegen oder stehen.

Wird man vom Gewitter überrascht, hockt man sich mit zusammengepressten Beinen auf die Fersen und kauert sich so klein wie möglich zusammen.

Wo geht's lang? Orientierung im Wald

Die Wälder der Niedersächsischen Landesforsten sind von einem gut ausgebauten Wegenetz durchzogen, ausgeschildert und mit Wegmarkierungen an den Bäumen versehen, sodass man sich kaum darin verläuft. Dennoch kann es passieren, dass man einmal unaufmerksam war, vielleicht abgelenkt von den Kindern, und den falschen Weg eingeschlagen hat oder bei einem Spiel ganz vom Weg abgekommen ist. Und dann sieht man auf einmal den Wald vor lauter Bäumen nicht mehr.

Karten richtig lesen

Nicht nur für diesen Fall ist es hilfreich, wenn man eine Karte dabei hat. Auf einer topografischen Karte mit großem Maßstab ist das Gelände detailliert mit allen Wegen und Orientierungspunkten (Schutzhütten, Aussichtspunkten usw.) abgebildet. Wer mit Karte unterwegs ist, kann die Gegebenheiten vor Ort immer wieder abgleichen und weiß auf diese Art stets ziemlich genau, wo er sich gerade befindet. Eine Waldexkursion ist eine gute Gelegenheit, den Kindern beizubringen, wie man eine Karte richtig liest. Die verschiedenen Farben auf der Karte stehen in der Regel für diese Dinge: Grün für Vegetation, Schwarz für Gebäude, Blau für Gewässer, Weiß für offenes Land, Rot und Gelb für Straßen und Wege. Worum es sich im Einzelnen handelt, erklärt die Kartenlegende: Dort ist zum Beispiel Laubwald durch kreisförmige Zeichen, Nadelwald durch (teilweise unten offene) Dreiecke und Mischwald durch Kreise und Dreiecke gekennzeichnet.

Norden finden mit und ohne Kompass

Jeder Pfadfinder weiß, dass man sich auf einer Karte nur zurechtfindet, wenn man weiß, wo Norden ist. Wer auf der Waldtour an einen Kompass gedacht hat, ist fein raus. Er braucht ihn nur auf die Karte zu legen und sich mit beidem in der Hand zu drehen, bis der Nordpfeil auf der Karte und die Kompassnadel auf einer Linie liegen. Zur Not muss man sich mit einer Armbanduhr mit Zeigern behelfen, vorausgesetzt man kann erkennen, wo die Sonne steht. Man nimmt die Uhr vom Handgelenk und richtet den Stundenzeiger auf die Sonne aus. Dann sucht man die kürzere Verbindung vom Stundenzeiger bis zur 12 (Winterzeit) bzw. bis zur 1 (Sommerzeit). In der Mitte der Halbierungslinie liegt Süden. Steht der Stundenzeiger auf der 12 bzw. der 1, ist Süden dort, wo die Sonne steht. In den Vormittags- und Nachmittagsstunden kommt es zu Abweichungen, doch grob kann man sich mit dieser Methode trotzdem orientieren.

Selbst wenn man weder Kompass noch Armbanduhr dabei hat bzw. die Sonne sich partout nicht zeigt, gibt es noch Methoden, die Himmelsrichtung zu bestimmen. Die Natur selbst dient dabei als Kompass, man muss nur genau hinsehen. So liegen Ameisenhügel eher an der Südseite von Bäumen, wo der Bau besser vor Regen geschützt ist, und Spinnen bevorzugen für ihren Netzbau ebenfalls Äste, die nach Süden zeigen. Moos dagegen wächst meist an der feuchteren Nordwestseite von Bäumen. Dort sind bei einzeln stehenden Bäumen die Äste meist auch kürzer als an der windgeschützten Südostseite.

Selbst die Sägefläche eines Stubbens gibt Auskunft über die Himmelsrichtung: Die Jahresringe liegen auf der Südostseite weiter auseinander als auf der Wetterseite.

Nahrung und Unterschlupf für Waldläufer

Für den Familienausflug in den Wald packt man natürlich in weiser Voraussicht Proviant oder alles Nötige für ein zünftiges Picknick ein – und man kommt mit Sicherheit nicht in die Verlegenheit, sich sein Abendessen erst noch schießen oder sammeln zu müssen. Kinder finden es aber ungemein spannend, wenigstens so zu tun, als ob man im Wald nach Essbarem suchen müsste, um nicht hungers zu sterben.

Essen, was der Wald auftischt

Unter dem grünen Blätterdach wachsen viele Kräuter und Früchte, die nicht nur die Waldtiere, sondern auch menschliche Besucher essen können. Einige davon kann man sofort und ohne Bedenken verspeisen, aber nur wenn

- man sie mit absoluter Sicherheit bestimmen und von anderen, möglicherweise giftigen Pflanzen unterscheiden kann;
- die Früchte außerhalb der Reichweite von Füchsen wachsen (in einer Höhe über 20 Zentimeter vom Boden, weiter unten können sie von den Tierausscheidungen und somit mit dem Fuchsbandwurm verunreinigt sein, der beim Menschen, meist erst nach vielen Jahren, eine lebensgefährliche Leberkrankheit hervorrufen kann);
- sie nicht unter Naturschutz stehen.

Völlig gefahrlos sind Haselnüsse und Walnüsse, die durch ihre harte Schale vor Verunreinigungen geschützt sind. Daran können sich die Kinder nach Herzenslust satt essen. Dass man durchaus auch Bucheckern essen kann, ist nicht so bekannt, allerdings sollte es hier bei ein paar Kernen bleiben, da zu viel davon Bauchweh verursachen kann. Recht sicher sind auch Himbeeren, Brombeeren und reife Holunderbeeren, sofern man wirklich nur solche abzupft, die in größerer Höhe wachsen.

> Haselnüsse und Bucheckern schmecken nicht nur Eichhörnchen, sondern auch kleinen Survivalkünstlern.

Andere Köstlichkeiten des Waldes wie Heidelbeeren und Walderdbeeren oder Kräuter sollte man entweder den Tieren lassen oder sammeln und

Haselnüsse

mit nach Hause nehmen. Wenn sie gründlich gewaschen und gekocht wurden, besteht keine Gefahr mehr, sich mit dem Fuchsbandwurm zu infizieren. Dasselbe gilt für essbare Kräuter wie Zitronenmelisse, Waldmeister und Bärlauch.

Bei Letzterem heißt es jedoch schon beim Pflücken gut aufpassen, seine Blätter haben nämlich auf den ersten Blick Ähnlichkeit mit den Blättern des giftigen Maiglöckchens. Doch es gibt ein eindeutiges Zeichen, wodurch er sich vom Maiglöckchen unterscheidet: Er duftet intensiv nach Knoblauch. Da Maiglöckchen aber häufig an denselben Stellen wachsen wie Bärlauch, sollte man auch auf die Blattstiele achten. Beim Bärlauch sind sie deutlich länger und schmaler als beim Maiglöckchen und stets von den anderen Blattstielen getrennt.

Auf Nummer sicher geht man, wenn man den Kindern vermittelt, dass der Wald sie im Zweifelsfall zwar ernähren könnte, man aber doch besser den mitgebrachten Proviant verzehrt. Ganz eindringlich muss man die Kleinen davor warnen, unbekannte Beeren und Kräuter zu naschen. Und auch von Pilzen lässt man generell die Finger – zu groß ist die Gefahr, essbare mit giftigen zu verwechseln.

Wer in der Wildnis überleben muss, kann zur Not eine Weile fasten, ohne Wasser aber überlebt er nicht lange. Es gibt Möglichkeiten, in der Natur

Bucheckern

Trinkwasser zu finden, doch die Gefahr ist selbst bei einem scheinbar noch so reinen, klaren Bach groß, dass das Wasser verunreinigt ist. Deshalb lieber von vornherein genügend Getränke mitnehmen!

Pfeil und Bogen selbst geschnitzt

Was brauchen Waldläufer, die in der rauen Wildnis ihr Überleben sichern müssen? Klarer Fall: Pfeil und Bogen! Die können sich Kinder, die gern mal in die Haut eines Trappers schlüpfen wollen, leicht selbst herstellen.

Man sucht einen biegsamen, aber festen Ast (mindestens 1 Meter lang) von Esche, Ulme, Ahorn, Hasel oder Weide und schnitzt am oberen und unteren Ende je eine Kerbe ein. Das ist der Bogen. Dann macht man eine

Schlaufe in eine etwa zwei Millimeter starke Nylonschnur – das ist die Sehne –, hängt sie in die obere Kerbe ein und biegt den Ast so, dass zwischen der Sehne und der Bogenmitte ein Abstand von etwa 20 Zentimetern ist. Danach die Sehne stramm ziehen und mit einer weiteren Schlaufe in der unteren Kerbe einhängen.

Ebenfalls aus den jungen Trieben des Haselstrauchs lassen sich die Pfeile schnitzen. Die Triebe werden geschält, an einem Ende mit dem Messer zugespitzt und am anderen mit einer Kerbe versehen. Wer möchte, kann sie mit ein paar Federn hineinstecken; damit sie nicht herausfallen, bindet man sie mit einem Stück Schnur fest.
Mit diesem Bogen können die Kinder so tun, als ob sie auf die Jagd gehen

und sich ihr Abendessen schießen. Selbstverständlich dürfen sie auf keinen Fall auf Menschen oder Tiere anlegen, denn auch die selbst geschnitzten Holzpfeile können im wahrsten Sinne ins Auge gehen und Verletzungen verursachen. Stattdessen können sie zum Beispiel auf einen dicken Baum oder eine Zielscheibe zielen. Für kleine Kinder ist dieses Spiel eher nicht geeignet.

Sachte mit dem Feuer!

Stockbrot und Grillwürste am offenen Feuer zu brutzeln ist für die ganze Familie ein tolles Erlebnis. Den Spieß dazu kann man sich aus einem geraden Stecken fertigen, den man am oberen Ende schält und anspitzt. Bevor die Wurst oder der Teig aufgespießt wird, hält man den Stecken kurz ins Feuer, damit er richtig sauber wird. Eins ist aber klar: Offenes Feuer sollte nur an ausgewiesenen Feuerstellen und Grillplätzen entzündet werden. Gerade im Sommer kann es durch unachtsame Waldbesucher immer wieder zu Waldbränden kommen, daher ist das Feuer machen vom 1. März bis zum 31. Oktober im Wald verboten.

Übrigens ist aus demselben Grund das Rauchen in der Zeit vom 1. März bis 31. Oktober verboten. Selbst am Grillplatz heißt es aufpassen: Man darf das Feuer nie so mächtig werden lassen, dass die Funken fliegen. Und selbstverständlich wird es anschließend gründlich gelöscht!

Ein Tipi aus Zweigen

Was ein rechter Waldläufer ist, der muss sich in der Wildnis auch einen Unterschlupf bauen können. Ein Tipi aus Zweigen ist mit vereinten Kräften relativ schnell errichtet. Natürlich schneidet man dafür keine Zweige vom Baum, sondern sammelt herumliegende Äste und Zweige. Die größeren Äste sollten rund 2 Meter lang sein. Sie werden in einem Kreis in Zeltform so aufgestellt, dass sie sich gegenseitig stützen; die Enden werden in den Boden gerammt. An der Südseite lässt man einen Eingang offen. Wo die Äste in der Mitte zusammenstoßen, werden sie mit einer dicken Schnur zusammengebunden. Dann werden quer dazu dünnere, elastische Äste, etwa von einem Haselstrauch, eingeflochten und kleinere Zweige hineingesteckt. Abgedeckt wird das Tipi mit Farnwedeln, Laub und Grasbüscheln. Wetten, dass die Kinder aus diesem tollen Tipi so schnell nicht wieder heraus wollen?

Augen auf im Wald! Gefahren vorbeugen, Verletzungen behandeln

Kinder sind ständig in Bewegung und von Natur aus verspielt und neugierig – hier müssen unbedingt aufgeschichtete Holzstämme beklettert werden, da im Unterholz will eine verführerische rote Beere gekostet und dort eine imposante Pflanze befühlt und untersucht werden. Einen Blick für Gefahren haben die kleinen Entdecker in der Regel noch nicht. Deshalb ist es hier an den Eltern, ein Auge auf ihre Sprösslinge zu haben und ihnen zu erklären, was sie zu ihrer eigenen Sicherheit im Wald nicht tun dürfen und worauf sie achtgeben müssen. Schließlich will die ganze Familie nach dem Ausflug wieder fröhlich und wohlbehalten heimkommen.

Holzpolter und Stolperfallen

Holzpolter scheinen für Kinderaugen wie geschaffen, um daran ihre Kletter- und Balancierkünste unter Beweis zu stellen. Da die Stämme jedoch nicht abgesichert, sondern nur lose aufeinandergestapelt sind, ist die Gefahr groß, dass einzelne Stämme, wenn man darauf rumklettert, ins Rutschen geraten und wegrollen. Dann kann das lustige Spiel ernsthafte Verletzungen zur Folge haben. Die Baumstämme können nämlich sehr schwer sein und Quetschungen oder Schlimmeres verursachen, wenn sie über einen Arm oder Fuß

Soforthilfe bei kleinen Verletzungen

Eine kleine Verletzung ist noch lange kein Grund, einen Waldausflug abzubrechen. Wenn man entsprechende Maßnahmen ergreift und die kleinen Malheure behandelt, kann es bald wieder weitergehen.

- **Schnittwunden** Das betroffene Körperteil nach oben halten, um die Blutung schneller zu stoppen. Pflaster oder sterile Kompresse aufbringen.
- **Abschürfungen** Kleine Abschürfungen an der Luft trocknen lassen, größere mit einer sterilen Kompresse bedecken.
- **Kleinere Splitter** Mit einer sauberen Pinzette vorsichtig herausziehen.
- **Blasen** Mit einem Pflaster abdecken.
- **Nasenbluten** Den Kopf nach vorn beugen. Das Blut frei laufen lassen. Den Nacken mit einem feuchten Tuch kühlen. Anschließend nicht schnäuzen, um zu verhindern, dass die Blutung wieder anfängt. Bei starker oder anhaltender Blutung suchen Sie bitte einen Arzt auf.
- **Kleinere sichtbare, nicht festsitzende Fremdkörper im Auge (z. B. kleine Fliege, Staubpartikel)** Das Lid nach oben oder unten ziehen und den Fremdkörper vorsichtig mit dem angefeuchteten Zipfel eines Taschentuchs vom äußeren Augenwinkel in Richtung Nase herauswischen. Falls das Entfernen nicht funktionieren sollte, nicht mehrfach weiterversuchen (Gefahr von Reizung, evtl. Verletzungen der Netzhaut), sondern das Auge keimarm verbinden und einen Arzt aufsuchen.

hinwegrollen. Wie im Straßenverkehr müssen Kinder auch im Wald aufmerksam und achtsam sein. Mit wachen Augen durch den Wald zu gehen heißt nicht nur, nach interessanten Tieren Ausschau zu halten, sondern auch den Weg, auf dem man geht, im Auge zu behalten. Waldwege sind nun mal keine ebenen Betonpisten, sondern von Wurzelwerk durchwachsen, und häufig gibt es weitere Stolperfallen wie Steine oder heruntergefallene Äste. Und es leuchtet selbst den größten Draufgängern unter den Waldläufern ein, dass es mit der Coolness ganz schnell vorbei ist, wenn ein Knie blutig aufgeschlagen oder ein Fuß verstaucht ist.

Giftige Pflanzen

Im Wald wachsen viele Pflanzen, deren Blätter oder Früchte für Menschen giftig sind. Die oberste Regel lautet daher: Keine Pflanzen oder Pflanzenteile in den Mund nehmen oder essen, die man nicht mit hundertprozentiger Sicherheit bestimmen kann oder kennt. Auf diese Vorsichtsmaßnahme sollte man die Kinder ruhig öfter hinweisen. Gerade die leuchtenden Farben verschiedener Beeren an Bäumen und Sträuchern üben eine magische Anziehungskraft auf sie aus. Wer ein Pflanzenbestimmungsbuch dabei hat, kann die giftigen rasch von den harmlosen unterscheiden. Auch im Kasten „Vorsicht: Gift!" findet man eine Übersicht über die wichtigsten Giftpflanzen unserer Wälder.

Vorsicht: Gift!

Vor diesen Waldpflanzen müssen sich Erwachsene ebenso wie Kinder in Acht nehmen:

- Eibe
- Liguster
- Seidelbast
- Schierling
- Efeu
- Roter Fingerhut
- Tollkirsche
- Maiglöckchen
- Herbstzeitlose
- Einbeere
- Riesen-Bärenklau

Bei manchen Pflanzen genügt es sogar schon, sie nur anzufassen, um unangenehme Reaktionen zu entwickeln, etwa bei der Brennnessel. Wer einmal unachtsam in einen Büschel Brennnesseln hineingefasst hat oder mit nackten Beinen hineingelaufen ist, schaut künftig garantiert genauer hin. Weitaus gefährlicher ist der **Riesen-Bärenklau**, der ob seiner gigantischen Größe (3–5 Meter) auch Herkulesstaude genannt wird. Die Pflanze verbreitet sich immer weiter. Sie enthält in allen Teilen einen giftigen Zellsaft, der auf der Haut in Verbindung mit den UV-Strahlen des Sonnenlichts schwere Verbrennungen

Riesen-Bärenklau

mit Blasenbildung und andere allergische Reaktionen wie Juckreiz und Schwellungen hervorrufen kann, die nur langsam abheilen. Man findet sie eher an den Waldrändern und erkennt sie an ihrem hohen, dicken Stängel, den grob gesägten, bis 1 Meter großen Blättern und den attraktiven, bis zu 50 Zentimeter großen weißen Blütendolden, die im Juni und Juli blühen. Falls es zu einem Kontakt gekommen ist, müssen die Hautstellen sofort mit Wasser abgewaschen werden. In jedem Fall muss man die Stelle bedecken, damit sie nicht weiter der Sonne ausgesetzt ist. Je nach Schwere der Verbrennungen sollte man eventuell später einen Arzt aufsuchen.

Der Riesen-Bärenklau enthält einen giftigen Zellsaft, der auf der Haut in Verbindung mit Sonnenlicht schwere Verbrennungen und Schwellungen hervorrufen kann.

Bei Pilzen geht man, wenn man mit Kindern unterwegs ist, auf Nummer sicher und sammelt gar keine. Vielmehr sollte man sie darauf hinweisen, wie gefährlich und manchmal sogar tödlich eine Verwechslung sein kann und ihnen ganz klar sagen: Finger weg von allen Pilzen! Denn bei giftigen Vertretern ihrer Art kann man schon schwer erkranken, wenn man sie nur berührt und anschließend die Finger in den Mund steckt.

Erste Hilfe bei Vergiftungen

In der Regel schmecken giftige Pflanzen oder Pflanzenteile unangenehm, sodass sie meist sofort wieder ausgespuckt werden. Was ist zu tun, wenn ein Kind doch einmal eine giftige Pflanze oder Beere gegessen hat?

- Ruhe bewahren und dem Kind gut zureden.

- Über Handy beim Arzt oder der Giftnotzentrale Göttingen Rat einholen (Tel. 0551/19240). Dort wird man nach Alter und Gewicht des Kindes fragen, dem Zeitpunkt der Einnahme, der eingenommenen Menge und den Pflanzen, die das Kind gegessen hat.

- Dem Betroffenen großzügig Wasser oder Tee zu trinken geben, um die Giftkonzentration im Magen zu verdünnen. Keinesfalls Milch geben; sie kann die Aufnahme giftiger Stoffe im Darm beschleunigen.
- Den Betroffenen keinesfalls zum Erbrechen bringen.
- Bei Kontakt mit der Haut sofort die betroffenen Stellen mit Wasser abwaschen.

Ungewollte Begegnung mit größeren Tieren

In aller Regel kommt man größeren Tieren im Wald nicht so nah, dass sie gefährlich werden könnten, und die meisten haben sowieso mehr Angst vor dem Menschen als umgekehrt. Sollte es doch einmal passieren, dass man unversehens zum Beispiel einem **Wildschwein** Auge in Auge gegenübersteht, heißt es, Ruhe bewahren und erst einmal still stehen bleiben, damit sich das Tier nicht bedroht fühlt. Auf keinen Fall darf man das Tier durch hektische Bewegungen oder Wegrennen erschrecken oder in die Enge treiben. Es muss Gelegenheit zum Rückzug haben. Dann langsam selbst den Rückzug antreten.
Wilde Tiere – ob tot oder lebendig – sollte man generell nie anfassen, weder das scheinbar von seiner Mutter verlassene Rehkitz noch einen Waschbären oder einen zutraulichen Fuchs. Ein Fuchs, der keine Scheu mehr vor dem Menschen hat, könnte die **Tollwut** haben. Wenn man ihn berührt, kann er zubeißen und den Erreger auf den Menschen übertragen. Allerdings ist diese Gefahr heutzutage weitestgehend gebannt, da man Füchse in den letzten Jahren flächendeckend mit präparierten Ködern gegen die Krankheit geimpft hat. In den Niedersächsischen Landesforsten gibt es keine ausgewiesenen Tollwut-Risikogebiete, doch lässt sich die Gefahr nicht ganz ausschließen. Falls man von einem Wildtier gebissen wurde, empfiehlt es sich, sich vorsichtshalber vom Arzt untersuchen zu lassen.

Amphibien wie Frösche, Salamander oder Molche sollte man ebenso wenig anfassen. Sie sondern nämlich durch Drüsen in ihrer Haut einen Schleim ab, der ein Gift enthält oder Juckreiz verursacht. Dem Menschen wird er zwar nicht gefährlich, aber wenn man anschließend die Augen reibt, können die Schleimhäute gereizt werden.

Eine größere Gefahr stellt der Biss einer Kreuzotter dar, doch ist die 50–70 Zentimeter lange Schlange mit dem dunklen Zickzackband auf dem Rücken immer seltener zu finden. Das Tier, das bevorzugt auf Heideflächen und am Waldrand lebt, greift auch nur an, wenn es in die

Enge getrieben wird oder wenn man aus Versehen darauf tritt. Festes Schuhwerk und Vorsicht beim Gehen und Anfassen (etwa beim Beerensammeln) sind daher die beste Vorbeugung. Sollte man dennoch schmerzhafte Bekanntschaft mit ihren Giftzähnen gemacht haben, heißt es die Ruhe und einen kühlen Kopf bewahren. Da die Schlange nur wenig Gift abgibt, ist ihr Biss in unseren Breiten so gut wie nie lebensbedrohlich. Man darf die Bissstelle weder aussaugen noch aufschneiden und sollte unbedingt einen Arzt aufsuchen.

Die Kreuzotter greift nur an, wenn sie in die Enge getrieben wird oder wenn man aus Versehen darauf tritt.

Klein, aber giftig!

Eine viel realere Gefahr als von wild gewordenen Wildschweinen und giftigen Schlangen geht von kleinen,

unscheinbaren Insekten aus, die man gern übersieht. Doch auch vor den meisten von ihnen muss man sich nicht fürchten, wenn man weiß, worauf man achten muss und was zu tun ist, wenn es eines der Insekten trotzdem geschafft hat, zuzubeißen oder zuzustechen.

Die Stiche von **Wespen**, **Bienen**, **Hummeln** und **Hornissen** – die aber nur zustechen, um sich zu verteidigen – sind sehr schmerzhaft. Eine Begegnung mit ihrem Giftstachel möchte man daher tunlichst vermeiden. Naturgemäß sind es wieder eher die Kinder, die damit Bekanntschaft machen, da sie nicht so genau hinschauen, was sie anfassen. Kurz nach einer schönen Blüte gegriffen – und schon hat die Biene zugestochen. Oder ein Lager gebaut und dabei ins sprichwörtliche Wespennest gestochen, was durchaus nicht lustig ist. Denn was viele nicht wissen: Manche Wespenarten bauen ihre Nester im Waldboden.

Da Wespen besonders süße Getränke, Fleisch und Früchte mögen, heißt es auch beim Picknick besonders genau hinschauen, bevor der Bissen im Mund landet. Denn wenn man eine Wespe verschluckt, schwillt die Stichstelle auf den Schleimhäuten schnell an und es kann zu gefährlicher Atemnot bis hin zum Ersticken kommen. Deshalb sollte man sich ebenfalls zur Gewohnheit machen, Getränkeflaschen nach jedem Schluck wieder zu verschließen, damit kein ungebetener Trinkbruder hineinfliegen kann. Wird man beim Essen von einer aufdringlichen Wespe umschwirrt, hält man sich an die alte Weisheit: In der Ruhe liegt die Kraft. Denn die schwarz-gelben Flieger mögen keine hektischen Bewegungen und wenn man wild fuchtelt und um sich schlägt, fühlt sie sich angegriffen und erst recht zum Stechen gereizt.

Ungefährlich, aber extrem lästig, sind die Stiche von **Stechmücken** und **Bremsen**. Diese Insekten stechen vorsätzlich, denn sie wollen Blut, auch menschliches. Hierzulande übertragen Stechmücken und Bremsen zum Glück keine Krankheiten und giftig ist ihr Stich auch nicht. Dafür kann die Einstichstelle aber teilweise heftig jucken und zu einer roten Quaddel anschwellen.

Eine andere Art von Blutsaugern gibt mehr Anlass zu Besorgnis: **Zecken**. Die winzigen Spinnentiere, die auch als Holzbock bekannt sind, können wirklich gefährliche Krankheiten wie die Lyme-Borreliose oder FSME (Frühsommer-Meningoenzephalitis) übertragen. Sie lauern in Bodennähe im hohen Gras und auf niedrigen Sträuchern bis in einer Höhe von 80 Zentimetern auf ihre Opfer, und wenn eines vorbeikommt, lassen sie sich von der Pflanze, auf der sie sitzen, fallen und saugen sich dann an der Haut ihres Opfers fest. Das Gemeine ist, dass man ihren Stich anders als

Zecke

den von Stechmücken oder Wespe und Co. nicht spürt und deshalb auch nicht sofort etwas dagegen unternehmen kann. Mit dem Stich injizieren die nur stecknadelkopfgroßen Biester nämlich auch eine Art Betäubungsmittel, das die Einstichstelle schmerzunempfindlich macht. Häufig merkt man erst, dass man sich eine Zecke eingehandelt hat, wenn sie sich schon mit Blut vollgesogen hat und ihr Leib enorm angeschwollen ist. In diesem Stadium sind die Erreger, sofern die Zecke Überträgerin ist, jedoch bereits ins Blut übergegangen. Deshalb ist es ganz wichtig, die Parasiten so früh wie möglich zu entdecken und zu entfernen.

Den Stich einer Zecke spürt man häufig gar nicht, weil sie eine Art Betäubungsmittel injiziert.

Soforthilfe bei Insektenstichen

- Bei Insektenstichen mit einem feuchten Tuch oder einer Kälte-Sofort-Kompresse kühlen.
- Bienenstachel in der Haut: Vorsichtig mit einer Pinzette entfernen, dabei darauf achten, dass man nicht auf die Giftblase drückt und noch mehr Gift herausgepresst wird. Anschließend die Schwellung behandeln (siehe unten).
- Bei allergischer Reaktion: Sofort per Handy den Notarzt rufen.
- Stich in Mund und Rachen: Möglichst etwas Kühles zum Lutschen geben, damit die Stelle nicht so sehr anschwillt. Den Betroffenen beruhigen. Sofort ins Krankenhaus bringen oder den Notarzt anrufen.

Insektenstichen vorbeugen

- Zur Vorbeugung von Mückenstichen möglichst lange, dicke Kleidung tragen und die Haut mit einem Mückenschutzmittel einreiben oder einsprühen.
- Genau hinschauen, bevor man in der Natur etwas anfasst.
- Ruhig bleiben und nicht nach Wespen und anderen Stechinsekten schlagen.
- Bei bekannter Insektengiftallergie stets die benötigten Medikamente und zur Sicherheit eine Kopie des Allergiepasses mitführen.

Zeckenstich: vorbeugen und behandeln

- Am besten Kleidung mit langen Ärmeln und langen Beinen sowie geschlossene Schuhe anziehen. Auf heller Kleidung sind Zecken zudem leichter zu erkennen.
- Körper und Kleidung mit einem Insekten- und Zeckenschutzmittel besprühen bzw. einreiben. Nach etwa vier Stunden den Schutz erneuern.
- In der Zeckensaison (April bis November) möglichst nicht durch Gebüsch und Unterholz streifen.
- Nach jedem Aufenthalt in der Natur (nicht nur im Wald!) den ganzen Körper (besonders die Hautfalten) einschließlich Kopfhaut gründlich auf Zecken absuchen bzw. absuchen lassen.
- Hat man eine Zecke entdeckt, wird sie vorsichtig mithilfe einer speziellen Zeckenzange oder Zeckenkarte unmittelbar an der Hautoberfläche senkrecht herausgezogen. Darauf achten, dass die Zecke nicht gequetscht wird und keine Teile davon in der Haut zurückbleiben.
- Zum Entfernen keinesfalls mit Öl beträufeln.
- Die Stelle noch ein paar Tage beobachten. Schwillt sie an oder bildet sich eine rote Stelle um den Einstich, sofort einen Arzt aufsuchen: Diese sogenannte Wanderröte kann ein Hinweis auf eine Infektion mit Borrelien sein. Borreliose wird mit Antibiotika behandelt. Einen Impfschutz gibt es nicht.
- Entwickelt man binnen 2–3 Wochen Fieber oder grippeähnliche Symptome, unbedingt den Arzt aufsuchen, dies können Anzeichen für FSME (Frühsommer-Meningoenzephalitis) sein. Wer sich häufig im Freien aufhält oder in einem FSME-Risikogebiet wohnt, sollte sich bei einem Arzt über die Möglichkeit einer Impfung informieren.

An dieser Stelle möchten wir uns ganz herzlich beim Arbeiter-Samariter-Bund Kreisverband Göttingen-Land für die fachkundige Unterstützung bei der Erstellung der Erste Hilfe Tipps bedanken.

VI.

Besondere Attraktionen der Niedersächsischen Landesforsten

Unsere
Naturtalente
Niedersächsische Landesforsten

Ein Streifzug durch unseren Landeswald ist immer interessant, egal, wo man unterwegs ist. Wer aber eine noch intensivere Wald- und Wilderfahrung sucht, wer den heimischen Tieren ganz nah kommen, die geheimnisvolle Waldwelt noch intensiver erkunden und mit allen Sinnen erfahren möchte, für den gibt es eine Reihe von besonderen Einrichtungen. In unseren Wildparks und Walderlebnishäusern lernen Große und Kleine viel Neues über den Lebensraum Wald und haben obendrein Gelegenheit zu spannenden Mitmachaktionen. Einige dieser idyllisch gelegenen Ausflugsziele stellen wir Ihnen hier vor. Suchen Sie sich eines aus!

Unter www.landesforsten.de finden Sie im Internet umfassende Informationen zu den hier vorgestellten und anderen Walderlebniseinrichtungen der Niedersächsischen Landesforsten (in der Rubrik „Lernen & Erleben") sowie zu den einzelnen Waldpädagogik-Zentren.

Wisentgehege Springe

Wer einem Wisent Auge in Auge gegenübersteht und womöglich einen Rivalenkampf der bis zu 1000 kg schweren Kolosse miterlebt, fühlt sich zurückversetzt in eine Zeit, als noch große Herden von Wildrindern durch die Wälder Europas streiften. Im Wisentgehege Springe südwestlich von Hannover ist man den urwüchsigen Tieren ganz nah – doch nicht nur diesen. Zu faszinierenden Begegnungen kommt es auch mit Przewalski-Urwildpferden, Elchen, Wölfen, Braunbären und rund 100 weiteren europäischen Wildtierarten, die dort in großen Freigehegen leben.

Auf einen Blick

Wildgehege mit 100 Tierarten, Falkenhof, Gehegeschule und Auffangstation für Greifvögel und Eulen

Einrichtungen: Restaurant, Shop

Öffnungszeiten: ganzjährig täglich

Führungen: sonntags und nach Anmeldung

Adresse: Niedersächsisches Forstamt Saupark, 31832 Springe

www.wisentgehege-springe.de

WISENTGEHEGE SPRINGE

Was wird geboten?

Erleben Sie mit, wie hungrige Bären, Wölfe, Wildschweine und Luchse gefüttert werden, und verpassen Sie auch die packende Flugschau des Falkenhofs mit Bussard, Schwarzmilan, Steppenadler und anderen Greifvögeln nicht. Beides, die Flugvorführung und die öffentliche Fütterung der Tiere, findet zweimal täglich zu festen Zeiten statt. Außerdem gehört zur Anlage eine Auffangstation für Greife und Eulen, eine Köhlerhütte, die gemietet werden kann, sowie eine Gehegeschule, in der junge Naturfreunde an spannenden Workshops und aktiven Erlebnistagen teilnehmen können.

Auf über sechs Kilometern Wanderwegen und einem Pfad der Sinne bieten sich den Besuchern interessante Einblicke und erstaunliche Erfahrungen. Ein buntes Veranstaltungsprogramm rundet das Angebot ab. Die sechs großen Events – Wolfstage, Mittsommernachtsfest, Familientag, Kinderfest, Frühmittelalterliches Fest und Hubertusfest – ebenso wie diverse kleinere Veranstaltungen wie Fotoworkshops, Märchentag, Rotwildwoche usw. sind gut eingeführt und locken Besucher aus der ganzen Region an.

Jagdschloss Springe

Das Jagdschloss mit seinen Nebengebäuden ist ein imposantes klassizistisches Ensemble, das inmitten eines weitläufigen Parks liegt. Es repräsentiert als „Absteigequartier für die Herrschaften" die glanzvolle Zeit des Sauparks Springe als königlich-hannoversches, später dann kaiserliches Hofjagdrevier, als hier noch erlauchte Jagdgesellschaften Rot- und Schwarzwild bejagten.

Jagdschloss Springe
Deister

Was wird geboten?

Das Schloss beherbergt im Erdgeschoss das Museum für Natur – Jagd – Kultur mit klassizistischer Innenarchitektur. Dioramen, großflächige Wandgemälde und weitere Exponate informieren über Jagdkultur und die Lebensweise einheimischer frei lebender Tierarten in ihren Lebensräumen, vom Helgolandfelsen bis zum hohlen Baumstamm. Moderne Licht-, Ton- und Multimediaschauen vertiefen dieses Wissen. Im Jagdschloss finden außerdem verschiedene Sonderausstellungen, Vorträge und Konzerte statt und es bietet Räume für vielerlei Feste und Veranstaltungen in gehobenem Ambiente. In den Obergeschossen ist der Jägerlehrhof der Landesjägerschaft Niedersachsen untergebracht.

Auf einen Blick

Jagdschloss mit Museum für Natur – Jagd – Kultur

Öffnungszeiten: ganzjährig täglich außer montags

Führungen: nach Voranmeldung

Adresse: Jagdschloss Springe, Jagschloss 1, 31832 Springe

www.jagdschloss-springe.de

Wildpark Neuhaus

Die besondere Attraktion des Schaugeheges im Solling, das 35 heimischen Wildtierarten und rund 350 Tieren eine Heimat bietet, ist das Wolfsgehege.

Wildpark Neuhaus
Solling

Was wird geboten?

Auf 50 ha Wald- und Wiesenflächen und einem drei Kilometer langen Wanderweg erleben die Besucher die heimische Tierwelt: Hier kann man das Balzgehabe von Auerwild und Birkwild beobachten, dort die Brunft der Hirsche und natürlich, zur rechten Jahreszeit, allerhand tapsige Jungtiere. Im Waldmuseum informieren wechselnde Ausstellungen über Wald, Forstwirtschaft, Natur- und Artenschutz.

Familien mit Kindern finden im Wildpark einen Abenteuerspielplatz, ein Streichelgehege, in dem Füttern und Knuddeln erlaubt sind, und einen Erlebnispfad, auf dem der Nachwuchs auf spielerische Weise lernt. Besondere Angebote sind die Projektbetreuung für Schulklassen sowie weitere Gruppenangebote. Außerdem gibt es passend zur jeweiligen Jahreszeit wechselnde Themenveranstaltungen.

Auf einen Blick

Schaugehege mit 35 heimischen Wildtierarten und Waldmuseum

Einrichtungen: Restaurant, Kiosk

Öffnungszeiten: täglich, ganzjährig bis auf Februar

Fütterungen: täglich zu festen Zeiten

Führungen und Gruppenbetreuung: nach Voranmeldung

Adresse: Wildpark Neuhaus, Hirtenweg 12, 37603 Holzminden-Neuhaus

www.wildpark-neuhaus.de

Walderlebniszentrum Ehrhorn

Mitten im Naturwald „Ehrhorner Dünen“ liegt idyllisch an einer weiten Wiesenfläche die alte Ortschaft Ehrhorn, umgeben von uralten Hofeichen. Der über 350 Jahre alte ehemalige Heidebauernhof, der im Rahmen der Expo 2000 liebevoll restauriert wurde, ist allein schon ein lohnendes Ausflugsziel.

Was wird geboten?

Das Walderlebniszentrum Ehrhorn bietet noch mehr. Die Dauerausstellung „Heide-, Wald- und Mensch-Geschichten“ im Haus zeigt, wie und warum der Mensch im Lauf der vergangenen Jahrhunderte das Erscheinungsbild der Lüneburger Heide mehrfach einschneidend verändert hat. Die Besucher sind hier nicht nur Zuschauer, sondern sollen selbst aktiv werden. Draußen können sie dem Ameisenlöwen auf einem rund vier Kilometer langen Erlebnispfad zur Waldgeschichte der Heide folgen. Unterwegs kann sich die ganze Familie im Gewichtheben mit den Waldameisen oder im Weitsprung mit den Tieren des Waldes messen.

Ehrhorn
Lüneburger Heide

Hier ebenso wie auf dem Barfußpfad, bei einer Nachtwanderung oder beim Erkunden der „Trojaburg" sind jede Menge Spaß und verblüffende Einsichten inklusive. Im Arboretum wird Wissenswertes über Bäume und Sträucher vermittelt.

Zum vielfältigen Angebot gehören Walderlebnisführungen für Kinder und für Erwachsengruppen, Führungen zur Wald-Heide-Siedlungsgeschichte, regelmäßige Leseabende, Diaabende, Seminare und Tagungen. Besondere Aktionstage wie der Künstlertag und der Weihnachtsmarkt sind inzwischen ein Publikumsmagnet für die ganze Region. Das alte Heidehaus liefert auch das passende Ambiente für Teamfindungsseminare und Betriebsausflüge und kann samt Lehmbackofen und Grillplatz gemietet werden.

Auf über sechs Kilometern Wanderwegen und einem Pfad der Sinne bieten sich den Besuchern interessante Einblicke und erstaunliche Erfahrungen.

Auf einen Blick

Alter Heidehof mit Ausstellung „Heide-, Wald- und Mensch-Geschichten", Erlebnispfald, Arboretum

Einrichtungen: Café, Museumsshop

Öffnungszeiten: April–Oktober täglich, November–März wochentags

Gruppenführungen: nach Anmeldung und am Wochenende Führungen und Gruppenbetreuung: nach Voranmeldung

Adresse:
Walderlebniszentrum Ehrhorn, Ehrhorn 1, 29640 Schneverdingen

www.ehrhorn-heide.de

Waldforum Riddagshausen

Das forstliche und waldpädagogische Zentrum für die Region Braunschweig ist außerschulischer Lernstandort für das Regionale UmweltbildungsZentrum Dowesee und JuniorUni sowie Partner der Regionalen Lehrerfortbildung und Erwachsenenbildung. In Zusammenarbeit unter anderem mit Waldpädagogen wird ein vielfältiges Programm angeboten.

Was wird geboten?

Das Waldforum zeigt die Multimediaausstellung „Waldeslust", eine Wald-Mediothek, Seminare, Vorträge und

Waldforum
Riddagshausen
Braunschweig

Auf einen Blick

Forstliches und waldpädagogisches Zentrum für die Region Braunschweig

Einrichtungen: Minishop

Öffnungszeiten: montags, jeden ersten Sonntag im Monat und nach Vereinbarung

Adresse: Waldforum Riddagshausen, Ebertallee 44, 38104 Braunschweig

www.waldforum-riddagshausen.de

Workshops. Eine Besonderheit sind regelmäßige Sonntagsveranstaltungen, unter anderem mit Waldexperten, Geschichtenerzählern, Überlebenskünstlern, Bogenbauern und Jägern, die den Besuchern die vielen Facetten des Lebensraums Wald auf ebenso unterhaltsame wie lehrreiche Art nahebringen. Schulen bietet das Zentrum ausleihbare Informations- und Unterrichtsmaterialien, Unterstützung bei Waldprojektwochen und Waldaktionstagen und die Schulwanderausstellung „Forst & Holz".

Neben Waldführungen für Kindergruppen, Schulen und Erwachsenengruppen gibt es auch öffentliche Führungen. Ferienaktionen und Waldkindergeburtstage mit Waldpädagogen sowie ein Garten mit Erlebniseinrichtungen runden das Angebot ab. Die Waldhütte Buchhorst und Kral Essehof kann für Kindergarten-Waldwochen, Schulprojekte und Waldkindergeburtstage gemietet werden. Kinder im Alter von 8 bis 12 Jahren können dort auch ihren „Waldführerschein" ablegen: Nach einer Woche, in der sie eine Menge über den Wald gelernt haben, erhalten sie eine Urkunde, die sie als Waldführer auszeichnet.

Teichwirtschaft Ahlhorn

Die Ahlhorner Teichwirtschaft in der Nähe von Cloppenburg feierte im Jahr 2006 ihr 100-jähriges Bestehen. Die naturnahe, ökologisch ausgerichtete Teichwirtschaft steht unter der Beratung des Niedersächsischen Landesamtes für Verbraucherschutz und Lebensmittelsicherheit (LAVES) und widmet sich der Aufzucht gesunder, vitaler und widerstandsfähiger Besatzfische sowie hochwertiger Speisefische.

Was wird geboten?

In 40 Karpfenteichen, die sich auf rund 120 Hektar Teichfläche verteilen, werden einheimische Fischarten wie Spiegel- und Schuppenkarpfen, Schleien, aber auch Hechte und Zander aufgezogen. Die Karpfen werden in naturnahen Kleinteichen zum Ab-

Teichwirtschaft

Ahlhorn

laichen gebracht. Wer die Teichwirtschaft besucht, kann im Umfeld der Teiche auch seltene Amphibien, Insekten und Vögel entdecken, die sich dort angesiedelt haben. Aufgrund der natürlichen Gegebenheiten und der schonenden Aufzucht sind die Ahlhorner Karpfen für ihren sehr guten Geschmack über die Region hinaus bekannt. Die hochwertigen Produkte sind im angrenzenden Hofladen und in der eigenen Räucherei erhältlich – ein Genuss, den man sich nicht entgehen lassen sollte!

Auf einen Blick

Adresse: Teichwirtschaft Ahlhorn
Baumweg 5, 49685 Emstek

www.teichwirtschaft-ahlhorn.de

WeltWald Harz

Wer auf bequemen Wegen durch das Arboretum bei Bad Grund (Landkreis Osterode) wandert, glaubt, er steht im Wald – allerdings nicht im Harz, sondern in den Rocky Mountains, in der Sierra Nevada oder im Himalaja.

Was wird geboten?

Inmitten der Harzer Waldlandschaft gelegen, beheimatet der Exotenwald Tausende fremdländische Gehölze aus dem westlichen und östlichen Nordamerika, aus Asien, Europa, Westsibirien und Vorderasien. Harzer Forstleute pflanzten in dem rund 100

WeltWald
Harz

Hektar großen parkartigen Wald vor gut 30 Jahren 600 Gehölzarten aus aller Welt an. Seit 1975 pflegen und unterhalten Mitarbeiter des Niedersächsischen Forstamtes Riefensbeek den botanischen Baumgarten, der zu den größten Deutschlands zählt. Schilder benennen die exotischen Bäume, die so ausgefallene Namen tragen wie Momiji, Balsamtanne oder Gurkenmagnolie, erklären ihre Heimatgebiete und verraten allerhand Wissenswertes und Spannendes. Auf ausgeschilderten Wegen wie dem Mammutbaumweg, dem japanischen Blütenweg oder dem Appalachenweg wird der Wanderer in fremde Waldwelten entführt. Rastplätze mit schönen Ausblicken laden zum Verweilen.

Auf einen Blick

Botanischer Garten mit exotischen Bäumen

Öffnungszeiten: täglich, frei betretbar

Adresse: Arboretum,
37539 Bad Grund (Harz)

www.bad-grund-harz.de/exotenwald.html

www.weltwald-harz.de

Die Waldpädagogik-Zentren

Intensive und authentische Naturerfahrungen haben im Leben der meisten Kinder und Jugendlichen heutzutage Seltenheitswert. Beileibe nicht nur in Ballungsräumen ist die junge Generation immer mehr der Natur entfremdet. So können von hundert Kindern heute gerade mal noch 14 fünf Zugvogelarten aufzählen und zwölf ein Lindenblatt erkennen. Mit ihrer forstlichen Umweltbildung möchten die Niedersächsischen Landesforsten gemeinsam mit den Schulen diesem Trend entgegenwirken.

Was wird geboten?

Ein Aufenthalt in einem unserer zehn Waldpädagogik-Zentren bietet das perfekte Umfeld, um das Bewusstsein junger Menschen für einen verantwortungsvollen, nachhaltigen Umgang mit der Natur zu fördern. Dabei steht das bewusste Wahrnehmen, Beobachten und Erforschen des Naturraums Wald für die Kinder und Jugendlichen im Mittelpunkt. Sie sollen ihn anfassen, riechen, schmecken und fühlen können. Denn das direkte Erleben ist der Schlüssel für ein kompetentes Naturverständnis.

Gleichzeitig stärken gemeinsame Aufgaben die Entwicklung sozialer Kompetenzen und den Teamgeist der Klassen. Schüler und Lehrer sammeln hier Erfahrungen, die in geschlossenen Schulräumen so nicht möglich sind.

Unsere Waldpädagogik-Zentren liegen zum großen Teil mitten im Wald. Fernab von Einkaufszentren, Medienrummel und Großstadtverkehr kann sich die Gruppe voll und ganz auf das Teamerlebnis und ihr spezielles Wald- und Erlebnisprogramm konzentrieren. Und Fernsehapparat, Onlinespiele und MP3-Player sehen gegen Waldrallyes, Tierspurensuche, Nachtwanderungen und tatkräftige Waldarbeit nach kurzer Zeit ganz alt aus.

Weitere Informationen finden Sie unter www.landesforsten.de in der Rubrik „Lernen & Erleben“.

Stiftung
Zukunft Wald
Umwelt-Bildung-Naturschutz

Landesforsten-Stiftung „Zukunft Wald"

Die Niedersächsischen Landesforsten haben als erstes öffentliches Unternehmen der Forstwirtschaft in Deutschland eine Stiftung des bürgerlichen Rechts gegründet.

Die Stiftung Zukunft Wald ist eine Waldstiftung. Waldbezogene Umweltbildungsprojekte und Natur- und Artenschutzmaßnahmen werden in Niedersachsen gefördert oder durchgeführt. Hierdurch werden die nachhaltige Entwicklung und der nachhaltige Umgang mit Natur und Wald sowie die Bedeutung des Waldes für die Gesellschaft bewirkt und vermittelt.

Unser Logo spiegelt diesen Ansatz wider: In der Mitte steht der Mensch umrahmt von Umwelt und Naturschutz.

Sie können Ihre Spende oder Zustiftung auf folgendes Konto überweisen:

Stiftung Zukunft Wald
Konto-Nr.: 199 88 50 62
BLZ: 250 500 00
Bankinstitut: Braunschweigische Landessparkasse

Stiftung Zukunft Wald (Landesforsten-Stiftung)
Husarenstraße 75, 38102 Braunschweig
Tel.: (05319) 1298-540

www.zukunftwald.de

Liebe Leserin, lieber Leser,

folgen Sie mir ein paar Schritte in den Wald meiner Kindheit? Es war ein Mischwald im Herzen Niedersachsens. Eichen, Birken und Kiefern, manchmal etwas moorig. Nicht zu vergessen die hohe Buche, auf die wir heimlich kletterten, bis wir im Wipfel schaukelten.

In unserem Wald gab es sandige Winkel, mit Heidekraut und Pfifferlingen. Tintenschwarze Tümpel mit geheimnisvollen Bewohnern. Die winterliche Futterstelle, bestückt mit den Eicheln, die wir Dorfkinder jeden Herbst sackweise sammelten. Mit Gummistiefeln und Pudelmütze, die Größeren hatten auch schon ein eigenes Taschenmesser. Das war nützlich bei den Expeditionen in unseren Kindheitswald. Was sich da nicht alles fand! Flechten auf einem Baumstumpf, die bunte Feder eines Eichelhähers, flockige Rehhaare am Weidezaun, Schneckenhäuser, Zapfen und Nüsse. Alle diese Schätze landeten in kleinen und großen Seifenschachteln, nummeriert und inventarisiert in ungelenker Kinderschrift.

„Abenteuer Wald"? Wir vom Lande hätten es nicht so genannt. Für uns war der Wald ja ganz selbstverständlich ein Platz zum Spielen, Stöbern, Budenbauen und Tierebeobachten. Und doch fallen mir viele Erlebnisse ein, die uns mit allen Sinnen gepackt haben. Ich höre noch heute das Knurren und Knacken, das einmal aus dichtem Buschwerk drang. Als wir uns am nächsten Tag hineintrauten, fanden wir nur noch ein paar Knochen, die wohl ein Fuchs übrig gelassen hatte. Ja, doch, es waren Abenteuer, die wir da zwischen Dorfrand, Feld und Weiden, Wald und Moor erlebt haben. Abenteuer, ohne die jede Kindheit ärmer ist.

Heute gibt es viele Kinder, viele Familien, die den Wald, seine Pflanzen und Tiere nicht mehr kennen. Damit gehen auch landschaftliche Verwurzelung und Naturnähe ein Stück weit verloren. Man könnte auch sagen: ein Verlust von Heimat. Gut, dass die Niedersächsischen Landesforsten diesem Trend entgegenwirken und dafür werben, sich ans „Abenteuer Wald“ zu wagen. Gemeinsames Erleben und spielerisches Lernen – besser kann man Kinder nicht an den Wald und an seine kleinen und großen Wunder heranführen. Und ehrlich gesagt: Geht es uns Erwachsenen nicht ebenso? Auch wir sind lieber mit Spaß bei der Sache als mit dem pädagogischen Zeigefinger.

NDR 1 Niedersachsen wird viele Themen aus diesem Buch aufgreifen und anschaulich zu Gehör bringen – für rund 2,4 Millionen Menschen, die das Programm täglich einschalten. Unsere Reporter kennen sich aus in den unterschiedlich geprägten Regionen des Landes, sie haben ein Herz für seine Naturräume und Traditionen. Und sie wissen, wie man aus Fakten und Eindrücken spannendes Radio macht. Ich würde mich freuen, wenn dieses Buch und NDR 1 Niedersachsen Sie ermuntern könnten, sich auf den Weg zu machen hinaus in unsere vielfältigen Waldlandschaften zwischen Geestkante und Oberharz.

Übrigens: Auch wenn es in Ihrer Kindheit keinen Wald gab – man kann ihn immer noch finden ...

Herzlich

Eckhart Pohl
Hörfunkchef
NDR 1 Niedersachsen

BILDNACHWEIS

Niedersächsische Landesforsten

Thomas Gasparini/Projekt-zwei (10, 22, 58, 77, 78, 79, 81, 83, 88, 102, 105, 144, 187)

Rainer Köpsell (14, 86, 94, 100, 107, 108, 110, 111, 137, 143, 192)

Bettina König (16, 87, 98, 129, 146, 148, 153, 158, 163, 166, 173, 174, 176, 177, 179, 180, 182, 190, 195)

Movit (32, 58, 80, 90, 95, 104, 142)

Thomas Hennig (33)

Jennifer Sechtling (112)

Sonja Haase (21)

Wolfram Marx (197, 206)

Fotolia (20, 24, 27, 28, 29, 31, 156, 196, 202)

Niedersächsische Landesforsten (Hrsg.)

Wilde Küche!

Die besten Rezepte der traditionellen
und modernen Wildküche

2. Auflage

144 Seiten, 90 Farbfotos,
23,0 x 28,0 cm, Hardcover
ISBN 978-3-89993-740-4
€ 19,90

Aus dem Inhalt

Rehwild
- Asiatischer Rehburger mit Kartoffelpüree
- Lasagne Pasticciate vom Reh
- Rehfilet im Kartoffelmantel, Walnusssauce und gefüllten Mangoldblättern

Damwild
- Wildeintopf mit Wirsing und getrockneten Pilzen
- Damwildschulter mit Backpflaumen und Portwein
- Tex-Mex-Chili-Con-Carne vom Damwild

Schwarzwild
- Glasierte Frischlingskeule mit Petersilienkartoffeln und Schmorwurzeln
- Süsinger Wildschweinterrine
- Wildschwein-Cevapcici mit Orangensalat

Rotwild
- Hirschbraten mit Pflaumen-Kiwi-Chutney und Ofenkartoffeln
- Gebeizte Rotwildzunge mit Feldsalat
- Rotwildcarpaccio

Früchte des Waldes
- Scottish-Strawberry-Whisky-Jam
- Steinpilzmousse mit Ruccola im Piniendressing

„Wenn Sie auf der Suche nach leckeren Wildgerichten sind, haben Sie Ihr Ziel erreicht! Dieses Kochbuch ist von jenen gemacht, die sich bestens mit der köstlichen Zubereitung von Reh, Dam-, Schwarz-, und Rotwild auskennen: den Niedersächsischen Landesforsten."

www.magazin2000plus.de

„Wenn Sie Wild mögen ,werden Sie dieses Kochbuch lieben und gerüstet sein für den Herbst, wenn der Tisch mit Wildleckereien gedeckt ist."

www.koestlichkeiten.de

„Wie sich Wild unkompliziert und kreativ auf die Teller zaubern lässt, steht in dem Buch »Wilde Küche!«. Hier finden Profis und Anfänger wertvolle Anregungen!

Allgemeine Zeitung Mainz

Stand Februar 2010. Änderungen vorbehalten.

schlütersche

lonely planet

NAMIBIA & BOTSWANA

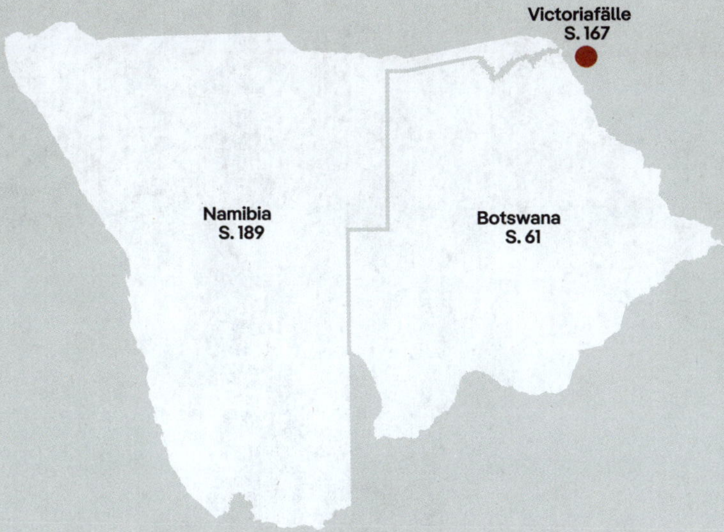

Narina Exelby, Mary Fitzpatrick,
Sarah Kingdom, Melanie van Zyl

Giraffe, Etosha-Pfanne, Etosha National Park (S. 218), Namibia